成果を出し
続けるための

王道SEO対策
実践講座

HOW TO BUILD
GOOD WEBSITE
BY TRUSTWORTHY
SEO TECHNIQUES

鈴木良治
RYOJI SUZUKI

技術評論社

はじめに

　2015年2月に出版した前著「SEO対策のためのWebライティング実践講座」(技術評論社)は、これまで感覚で行われてきたWebライティングにおいて、再現性のあるSEO対策の実践方法を提供した書籍として高く評価され、近年のSEO対策書籍の中でもっとも売れた書籍の1冊となりました。それを受け、コンテンツ制作を扱った前著では触れなかった、従来からのSEO対策の対象である、Webサイトの作成から運営における実践方法を提供する書籍として執筆したのが本書です。

　本書の主な対象は、SEO対策の初心者から中級者となりますが、サイトの作成環境の選択から、サイト設計やスマートフォンへの対応、Search Consoleを利用した運営管理、ペナルティ対策など、幅広い分野を網羅しているので、上級者の方にも新しい方法論の発見や、知識の整理に役立つ内容となっています。本書が多くの方の助けとなり、SEO対策を通じて成果を上げていく力となることを願っております。

■「本質」こそがこれからの「王道」

　検索エンジンが飛躍的に進歩した現在、かつて「SEO対策」とされた検索エンジンを「だます」方法は通用しなくなってきています。一方、利用者が望む「良い」Webサイトは適切に評価され、検索結果の上位に表示されるようにもなってきています。

　そこで前著では、Webサイトの中身となる、検索エンジンが「良い」と評価するコンテンツの制作方法を扱いました。しかし、検索エンジンがいくら進化したとはいえ、まだまだ完全ではありません。また、良いコンテンツを制作しても、運用環境が適切でなければ、利用しにくく、利用者にも敬遠されてしまいます。本書では、利用者が利用しやすく、検索エンジンが「良い」と評価するWebサイトを作成し、検索エンジンにより早く、より正確に情報を伝え、適切な評価をしてもらう方法を追求しています。利用者が求めるコンテンツを、使いやすい形で提供することこそWebサイトの「本質」です。検索エンジンに長く高く評価されるのはもちろん、くり返し利用され、高い成果を上げ続ける「王道」は、「本質」にこそあるのです。

■専門知識がなくても実行できる方法論

　専門知識がないと、Web関連のことは難しく手間もかかり、理解できても実行できない場合が多々あります。本書は「成果を上げる」ことを第一目的とし、どなたでも「読めば実行できる」方法論の提供を目指す書籍です。そのため、一部厳密さに欠ける部分

があることをご理解ください。多くの方が読まれる書籍として、できるだけ厳密で正しい方法論の提供に努めていますが、厳密さを追求することで作業が複雑になり、実行が困難になってしまう場合は、精度が下がったとしても、より簡単で単純な方法を選択しています。ただし、このことで成果が低下することはなく、より簡単で実際に実行し続けられる方法論になることで、より高い成果が達成できるようになっています。

■ 検証され、長く効果を発揮し続ける方法を厳選

　本書は最新の情報をふまえつつも、「新しさ」や「話題性」にとらわれず、実際に効果が検証された方法や、Googleなどの検索エンジンが明示している指針に沿った方法を選ぶことで、早く確実に成果が上がり、長く通用する方法論を実現しています。

　SEO対策では検証されていない情報も多く、実行すると効果がないことは往々にしてあります。例えば、日本の検索結果の9割以上に影響を与えるGoogleは、母国のアメリカで導入した施策を諸外国に適応していくので、アメリカの情報をそのまま最新のSEO対策としがちですが、そこにも注意が必要です。日本で利用される日本語は、英語を含むヨーロッパ言語と記述方法や利用できる文字の種数の点で大きく異なり、また、利用がほぼ日本に限られているため、Googleの発表やアメリカで行われた施策がすぐに日本に適用できるとは限らないのです。本書では、日本に合った方法論を選び高く安定した成果を目指すとともに、実際にアメリカなどで収集した情報をもとにして、これからの方向性を織り込み、長く成果を上げ続けられる方法論としています。

■ Google以外の検索エンジンもふまえた、変化に強い理論

　現在、日本でSEO対策といえばGoogleへの対策を指し、ほかの検索エンジンを考慮しない場合がほとんどです。しかし、本当にGoogleに対策するだけで良いのでしょうか？

　Yahoo!がGoogleの検索技術を導入している日本では、検索結果の9割以上がGoogleの影響を受けますが、世界的に見れば、Yahoo!はBingの検索技術を導入しており、日本の状況は異質です。もちろん、現状がすぐに激変する可能性は低いですが、もしものリスクを回避するためにも、1割弱のGoogle以外の検索結果に対応するためにも、Google以外の検索エンジンにも対策することは大切です。本書では、世界最大の検索エンジンであるGoogleへの対策を柱としながらも、Googleだけでなく、ほかの検索エンジンもふまえた方法論を提供することで、どのような状況にも柔軟に対応でき、長く効果が発揮されるSEO対策を実現しています。

■ **作成手順に沿った構成と、改善に便利な逆引き辞典**

　本書は、方法論の実効性を高めるために、Webサイトの作成手順に沿った構成にし、利用シーンや手順をわかりやすくしています。そのため、本書を読みながら作業をしていけば、本書を読み終わったときには、SEO対策の効いたWebサイトが作成できているでしょう。

　また、すでに所有しているWebサイトや、本書に従って作成したWebサイトを改善する際にも役立つよう、課題から対策を検索できる逆引き辞典も用意しています。逆引き辞典を利用することで、直面している課題を解決し、より高い成果を長く継続できるようになります。

■ **サイト全般のSEO対策を実現する、網羅性の高い構成**

　本書は、この1冊があればWebサイトの作成・運営におけるすべてのSEO対策ができる書籍となるよう、従来SEO対策とされてきた分野に加え、運用環境の対策やSearch Consoleの利用方法、ペナルティ対策なども含んだ非常に網羅性の高い内容になっています。

　1章：最新の状況をふまえた基礎知識のおさらい
　2章：直面している課題から対策を検索できる逆引きリスト
　3章：サーバ選定やテーマ選択、サイト設計など、土台となるSEO対策
　4章：URL決定法やクローラ対策、スマホ対応など、早く正しく伝える方法
　5章：高い効果を発揮するコンテンツ制作のための、正しいマークアップ法
　6章：Google Search Consoleを利用した、効率的なサイトの運営・管理法
　7章：サイト存続を脅かす、ペナルティの判定法と対応法
　8章：サイトの効率的な作成・管理を実現する、便利な無料ツールの紹介

　ぜひ本書を基礎とし、自分でより発展した方法を突き詰めて行っていただければ幸いです。

アンドバリュー株式会社
代表取締役社長　鈴木 良治

Contents

目次

第1章 ▶ 効くSEO対策とは！？ 効果を出すためのSEO対策

Section 01	Webサイトの成功に必須！ SEO対策とは何か？	10
Section 02	専門知識不要！？ SEO対策でやることは？	14
Section 03	基礎をおさえよう！ SEO対策の3分野	16
Section 04	10年先を見据えたこれからのSEO対策	18
Section 05	成果を出し続けるための本書の方針と構成	22

第2章 ▶ まずはチェック！ ダメなところから作り直そう

Section 06	お悩み別改善ポイントチェック	26
Section 07	Webサイトがインデックス化されない場合	28
Section 08	Webページがインデックス化されない場合	30
Section 09	インデックス化されるのに時間がかかる場合	32
Section 10	検索結果の上位に表示されない場合	33
Section 11	上位表示が成果につながらない場合	36
Section 12	成果が低下している、または安定しない場合	38
Section 13	更新管理に労力がかかりすぎる場合	40
COLUMN	そもそも……もはやSEO対策は不要ではないか！？	42

第3章 ▶ Webサイトの土台！ 常に成果を上げる戦略設計

Section 14	更新管理の要！ サイト作成方法を選択する	44
Section 15	成果の上限を上げるサーバの選び方	46
Section 16	人気のあるテーマを選定する	48
COLUMN	ランディングページを利用したキーワードの選定	53
Section 17	検索されて勝てるサイトへ！ キーワードを選定する	54
COLUMN	これから大事になる共起語	59
Section 18	非常に大切！ キーワードの反映方法	60
Section 19	常に成果を上げる成長段階に合わせたサイト設計	64
Section 20	成果を高め安定させる更新頻度を保つサイト設計	68

Section 21	漏れなく正確に伝える！ クローラに伝わる設計	72
Section 22	クローラに認識されて伝わるコンテンツを制作する	76
Section 23	ライバルに差をつける付随構造を用意する	78
COLUMN	目的に誘導するための導線設計	81
Section 24	ブログを利用して外部サービスから誘導する	82
Section 25	コンテンツを拡散させて効果を倍増させる	84

第4章 効果を高める！ 早く正しく伝える技術

Section 26	早く正確に伝えるための必須サービスに登録する	86
Section 27	クローラを呼び込むサイトへの導線を用意する	90
Section 28	SEO効果もあり！？ サイトドメインを決定する	92
COLUMN	オールドドメインには本当に効果があるのか？	97
Section 29	正しく伝えて評価を上げる！ URLの決定と設定法	98
Section 30	早く正しく伝えるためにXMLサイトマップを作成する	102
Section 31	Google以外にも対応！ robots.txtを利用する	106
COLUMN	robots.txtを利用したテスト環境の作成	109
Section 32	今の効果は？ Ping送信とソーシャルブックマーク	110
Section 33	SEO対策だけじゃない！ 非常に大切なスマホ対応法	112
COLUMN	SEO対策だけじゃない！ ユーザビリティでも大切な表示速度	116

第5章 SEO対策を仕掛ける！ 内部SEO対策の実践法

Section 34	より正確に伝えるためのマークアップとは？	118
Section 35	まずはHTMLの基本をおさらいしよう	120
Section 36	SEO対策でもっとも重要！ クリック率も上げる「title」	124
Section 37	クリック率を上げる「description」記述方法	126
Section 38	SEO対策効果はもうない？「keywords」の注意点	128
Section 39	ページの重要ワードを決める「見出し」作成法	130
COLUMN	ちょっと待って！！ HTML5に対応する際の注意点	133
Section 40	SEO対策効果を高める「リンク」作成法	134

Section 41	利用者に配慮し、SEO 対策効果も高める「画像」………	136
COLUMN	画像を利用したほうが SEO 対策の効果が上がる！？ ……	139
Section 42	検索エンジンに「重要性」を伝える strong 要素 ………	140
Section 43	検索エンジンに誤解させない「リスト」活用法 …………	142
Section 44	検索結果のクリック率を上げる「リッチスニペット」……	144

第 6 章 ▶ Search Console で効率的な管理！

Section 45	非常に便利！ Search Console を利用する …………	148
Section 46	URL を統一して評価を集中させる ………………………	150
Section 47	Google に Web サイトの情報を伝える ………………	152
Section 48	Google アナリティクスと連携してより便利に利用する ……	154
Section 49	Web サイト運営のスタート！ 評価を確認する …………	158
Section 50	SEO 対策状況を確認して Web サイトの完成度を高める ……	162
Section 51	利用状況を確認してアクション率を高める …………	166
Section 52	robots.txt が機能しているか確認する ………………	170
Section 53	HTML の重要要素をチェックする ……………………	172
Section 54	セキュリティ上の問題を確認する ……………………	174
Section 55	モバイルユーザビリティを確認する …………………	176
Section 56	ペナルティの確認と再審査リクエスト ………………	178
Section 57	検索結果の表示を変えてクリック率を上げる …………	180
Section 58	ネガティブ SEO 対策に対抗する………………………	182
Section 59	Web サイトの移転を Google に知らせる ……………	186

第 7 章 ▶ 危機を乗り越える！ ペナルティの判定法と対応法

Section 60	Web サイト存続の危機！ ペナルティとは？ …………	190
Section 61	ペナルティを判定して原因を究明する手順を知ろう ……	194
Section 62	チェックの第一歩！ 手動ペナルティか判定する…………	195
Section 63	悪意のある外部要因！ セキュリティをチェックする ……	200
Section 64	設定ミスの可能性？ 検出とクロールを確認する…………	202

Section 65	もっとも多いペナルティ！ 自動ペナルティの判定法	204
Section 66	過剰対策の代表！ キーワードの乱用	208
Section 67	無意識にしてしまう！ 隠しテキストと隠しリンク	212
Section 68	これからより大切になるコンテンツの価値	214
Section 69	こんなことにも注意！ そのほかのペナルティ対象	216
Section 70	マルウェアの感染やスパムに対応する	220
Section 71	対応後は必ず実行！ 再審査を申請する	222

第8章 プロも使っている！ 無料ツール紹介

Section 72	コーディングで必要なテキストエディタ	226
Section 73	データをアップロードするFTPクライアント	230
Section 74	XMLサイトマップを作成するツール	234
COLUMN	Googleに画像や動画の情報を伝えるためのXMLサイトマップ	237
Section 75	表示速度を知るための無料チェックツール	238
Section 76	マークアップを確認するHTMLチェックツール	242
Section 77	Webサイト改善のためのアクセス解析ツール	246
Section 78	キーワード乱用を防ぐ出現率チェックツール	250

■『ご注意』ご購入・ご利用の前に必ずお読みください

　本書に記載された内容は、情報の提供のみを目的としています。したがって、本書を参考にした運用は、必ずご自身の責任と判断において行ってください。本書の情報に基づいた運用の結果、想定した通りの成果が得られなかったり、損害が発生しても弊社および著者はいかなる責任も負いません。

　本書に記載されている情報は、特に断りがない限り、2016年3月時点での情報に基づいています。ご利用時には変更されている場合がありますので、ご注意ください。

　本書は、著作権法上の保護を受けています。本書の一部あるいは全部について、いかなる方法においても無断で複写、複製することは禁じられています。

　本文中に記載されている会社名、製品名などは、すべて関係各社の商標または登録商標、商品名です。なお、本文中にはTMマーク、Ⓡマークは記載しておりません。

効くSEO対策とは!?
効果を出すためのSEO対策

Section 01 ▶ Webサイトの成功に必須! SEO対策とは何か?
Section 02 ▶ 専門知識不要!? SEO対策でやることは?
Section 03 ▶ 基礎をおさえよう! SEO対策の3分野
Section 04 ▶ 10年先を見据えたこれからのSEO対策
Section 05 ▶ 成果を出し続けるための本書の方針と構成

Section 01 Webサイトの成功に必須! SEO対策とは何か?

Category 基礎 本書の方針

Googleなどの検索エンジンが浸透した現在、検索エンジンの検索結果に表示されるか否かは、Webサイトの成否を決定するといっても過言ではありません。検索結果の表示順位を上げる技術、SEO対策について、まずは概要と特長を確認しましょう。

SEO対策とは何か?

SEO対策の「SEO」とは、"Search Engine Optimization"（検索エンジン最適化）の略称です。GoogleやYahoo!のような**検索エンジン（Search Engine）のルールに最適化（Optimization）したWebサイトを作ることで、対象のWebサイトを検索結果の上位に表示させ、訪問者数を増やすこと**を意味します。

多くの人がURLを覚えず、検索エンジンの検索結果からWebサイトを訪問するようになった現在では、検索結果に表示されないWebサイトは利用されません。また、Webサイトの内容に合った検索結果で上位表示されれば、提供物を求めている人に利用してもらえるため、高い確率でアクションが期待できます。SEO対策はサイトが利用されるために必要不可欠であるとともに、高い成果を上げるためにも非常に重要な技術なのです。

対策すべき検索エンジンは?

検索エンジンは、GoogleやYahoo!、Bingなどさまざまなものがあります。日本での利用シェアは、2015年現在Yahoo!とGoogleで90%強、Bingが5%前後、残りの5%弱がその他の検索エンジンです。Yahoo!はGoogleの検索技術を導入しているので、日本の検索エンジン対策は、Google対策とほぼ同義といえます。ただ、利用シェアは変化するものであり、国によって検索エンジンの利用シェアも異なるため、Webサイトの世界中に情報を発信できるメリットを生かすためにも、**Googleへの対策を中心にしながらも、ほかの検索エンジンへの対応も忘れないようにしましょう**（P.23MEMO参照）。

▲日本において、Google検索は実質90%以上のシェアを獲得しています。

SEO対策がもたらすメリット

Webの世界に特有の技術、SEO対策は、上手にやればコストをかけた宣伝を不要にしてくれます。そのSEO対策の主なメリットを、ここで確認しておきましょう。

■ アクション率の高い利用者を集客できる

SEO対策では、サービスや商品に関連するキーワードを検索した人が集客できるので、ほかの集客手段に比べ、高い確率でこちらの目的の行動をしてくれます。

例えば、「SEO対策 方法」や「SEO対策 業者」などのキーワードを検索する人は、「SEO対策」に興味があるだけでなく、SEO対策を行ったり発注したりするために情報収集をしている人でもあります。そのため、SEO対策を提供しているWebサイトがこれらのキーワードで上位表示されれば、ただ訪問者数が増えるだけでなく、注文される確率も上がることが期待されます。

▲ターゲットにならない人にいくらアピールしても、なかなか目的の行動はしてもらえません。

■ 信頼感が高まり、利用者に安心してもらえる

検索結果の上位に表示されることは、より多くの集客が見込めるだけでなく、利用者の信頼感を高めることも期待できます。それはGoogleやYahoo!が「お墨つき」を与えたWebサイトと見なされるからです。

Webサイトの利用状況の調査をすると、「1番上に表示されていたから、良いサービスだと思った。」という答えが多いことに驚きます。多くの人は、検索結果の順位を、コンテンツの価値の指標としてだけでなく、サービスの良し悪しの指標としても利用しているのです。

▲検索結果の上位のWebサイトほど、利用者に信頼感を与える傾向があります。

■ 長期に渡り、安定した集客ができる

かつてSEO対策は安定しないといわれていました。しかし、**現在では検索エンジンの技術が飛躍的に進歩したことで、SEO対策でも安定的な集客が可能になっています。**

これまで主流だった、「検索エンジンをだます」SEO対策では、検索エンジンに対処されるたびに効果を失い順位が下落してしまいましたが、検索エンジンが進歩し、評価基準が安定した現在、「本質」に沿った対策を行えば、その順位は安定します。また、検索エンジンをだませなくなったことで、うまく検索エンジンをだましたWebサイトに抜かれ、表示順位が急落することもなくなりました。その結果、1度検索結果の上位に表示されるようになれば、長期に渡り安定した集客が期待できます。

■ 集客コストを、大幅に下げられる

SEO対策はWebサイトの信頼を高め、アクション率の高い利用者を長期に渡り安定して集客できるので、ノウハウを身につければ集客コストを大幅に下げられます。

SEO対策には有料の施策もありますが、筆者がこの仕事を始めて最初に作成したWebサイトでさえ、有料の施策を利用せずに半年で月1.5万人、1年で月2万人ほどが訪れるWebサイトとなりました。本書では、このように大きな可能性を持ったSEO対策について、実行力が高く長く効果を発揮する方法論を紹介することで、より多くのWebサイトが高い成果を上げられるようにします。

SEO対策の弱点とその解決策

Webサイトにとって、非常に大きな力となるSEO対策ですが、SEO対策にも弱点はあります。その弱点を確認し、しっかりと解決策を理解することで、より確実に成果を上げられるようにしましょう。

■ 効果が出るまでに一定の時間が必要

一般的に、Webサイトはリリース後半年ほどはなかなか評価が高まりません。なぜなら、無数にあるWebサイトの中から、検索エンジンが新しいWebサイトを見つけるまでには時間が必要であり、また、一定以上の期間運用できているWebサイトのほうが、多くの人が利用し、支持しているとされ、高い評価が与えられるためです。

解決策としては、評価が高まらない時期は広告を併用するか、個人サイトなどなら、人が来ないことを逆手にとり、少し不備があってもできるだけ早く公開してしまうことで、「時間」という評価を稼ぐ方法があります。

■ **対応しきれない環境要因が存在する**

　SEO対策に限ったことではありませんが、SEO対策にも、狙いたいキーワードの検索件数が少なすぎたり、ライバルとなるWebサイトが強すぎたりと、対応しきれない環境要因があります。しかし、SEO対策ではさまざまな関連データを簡単に取得できるため、反対に検索件数が多く、ライバルの弱いキーワードを探すこともできます。本書では、さまざまなリスクを避け、環境要因にも負けずに大きな成果を上げる方法を解説していきます。

■ **あくまでも「仮説」であり、「正解」を知る術がない**

　基本的に検索エンジンは、意図的に検索結果を操作するすべての行為を禁じています。そのため、検索結果に影響を及ぼしうる、検索順位の決め方などのSEO対策につながる情報は、トップシークレットであり絶対に教えてくれません。つまり、検索エンジンに最適化するためのすべての方法論はあくまでも「仮説」の域を出ません。

　そこで本書では、筆者が行っている調査やコンサルティングの中で、一定以上の率で成果を上げた施策と、Googleなどの検索エンジンが出している公式発表を照らし合わせ、これから先も長い間に渡って効果を発揮するであろう方法論のみを提供します。

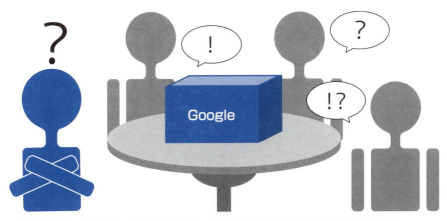

▲ SEO対策は、検索結果につながる情報が詰まったブラックボックスの中身を推測するようなものです。

 SEO対策はWebサイトに必須である

SEO対策は低コストで集客できるだけでなく、検索エンジンが普及した現在では、SEO対策がなされていないWebサイトは、ほとんど利用してもらえません。

Section 02 専門知識不要!? SEO対策でやることは?

Category | 基礎 | 本書の方針

Webサイトの成功に不可欠なSEO対策ですが、実際にはどのようなことをやるのでしょうか。SEO対策は、非常に高い専門的な知識や技術を持った人しか実行できないものなのでしょうか。ここでは、SEO対策で行う作業の概略について確認します。

SEO対策は誰でもできる?

SEO対策を実行するためには、非常に専門的な知識が必要だと思う方が多いようですが、実はそこまで専門的な知識は必要ありません。ここでは、SEO対策の基本的な4つの作業と、必要な技術を確認しましょう。

■ 適切な環境を準備する

Webサイトのシステムやサーバによっては、SEO対策の効果が下がってしまうので、作成前に、しっかりと作成環境を整える必要があります。また、Webサイトの構造によっては、検索エンジンに適切に評価されないので、構造設計も大切です。**システムやサーバは便利なサービスがあるので、選ぶ際のポイントをおさえれば問題ありません。また、構造設計も方法を理解すれば、専門技術は必要ないので、本書を読めば問題なく実行できるでしょう。**

■ 良質なコンテンツを制作する

作成環境ばかり良くても、中身となるコンテンツがなければ成果は出ません。成果を出すには、ニーズがありライバルに勝てる分野で、正しい文法のコンテンツを制作する必要があります。この点に関しても**ニーズは無料のツールで簡単に調べられますし、SEO対策では、きれいな画像や動画よりテキストのほうが評価は高いので、文章が書ければある程度問題ありません。**また、正しい文法に関しては、本書の第5章の解説を読めば対応できるようになります。

◀ Googleの「ウェブマスター向けガイドライン」（https://support.google.com/webmasters/answer/35769?hl=ja）からもテキスト重視の方針がわかります。

■ 正しい方法で外部リンクを収集する

これまでのSEO対策において主役であった、**他サイトからのリンク（外部リンク）を集める対策は、良いコンテンツを作成することで自然と外部リンクが集まるのを待つのが本来の姿です**。恣意的に行う場合も、外部リンクを送るサイトを自作したり、リンクを購入したりする対策が主になるので、慣れればどなたでもできるようになります。

■ 継続的に運用する

何にでも当てはまることですが、1度で完璧な施策が実現できることは稀ですし、長期に渡って改善しながら運用していくことで、大きな成果が達成されるものです。**Webには便利なツールがたくさんあるので、Webサイトの改善はもちろん、運用もそこまで高度な知識や膨大な作業時間を必要としません**。

検索エンジンは専門家以外の味方!?

検索エンジンの価値は、いつでも利用者が求める情報に行き着けることにあります。そして、Webの専門家が作成したコンテンツを、利用者が常に求めているとは限りません。つまり、**検索エンジンは、Webの専門家以外の人が作ったコンテンツも正当に評価できなければ、その価値を保てないのです**。

■ 検索エンジンは「敵」ではなく「味方」と心得る

検索エンジンの技術が低かった頃、検索エンジンをだます技術としてSEO対策は発達し、専門家の調査により見つかった検索エンジンの不備を、専門的な技術を利用して攻撃していました。しかし、技術の進歩とともに検索エンジンをだますことは困難になり、専門知識のない人が制作したコンテンツも正当に評価されるようになってきています。

価値のないWebサイトやコンテンツの順位を無理に上げようとするSEO業者にとって、検索エンジンはだます対象であるとともに、ペナルティを課してくる「敵」となるでしょう。しかし、**本書にしたがって良いサイトやコンテンツを制作する人にとっては、専門知識の不足を補ってくれ、正当な評価を与えてくれる「味方」となるのです**。

SEO対策は、専門家しかできない施策ではない

検索エンジンの技術が進歩しコンテンツが正当に評価され、さまざまなツールが制作や運用を助けてくれる現在、SEO対策は専門家でなくてもできる技術です。

Section 03 基礎をおさえよう！SEO対策の3分野

Category | 基礎 | 本書の方針

ひと言でSEO対策といっても、やるべき対策はさまざまで多岐に渡ります。そこでSEO対策について整理するために、ここではSEO対策の一般的な分類と、その具体的な施策を簡単に確認します。

第1章 効くSEO対策とは!? 効果を出すためのSEO対策

SEO対策の3分野

　一般的にSEO対策は、ほかのWebサイトからリンクを張ってもらう「外部対策」と、Webサイトのコンテンツや構造、HTMLソースを調整する「内部対策」に分けられます。しかし、本書では、サーバやドメイン周りの施策を「環境対策」と呼び、3分野に分けて解説します。

■ 効果が低下していく「外部対策」

　「外部対策」とは、他サイトからのリンク（外部リンク）を集める対策を指します。外部リンクが多く張られているWebサイトやコンテンツは、検索エンジンに何かしら「人気を集めている」と判断され、評価が高まることにもとづく対策です。長らくSEO対策の主役であり、SEO業者に対策を依頼すると、この外部対策が行われるのが一般的でした。しかし、あまりに普及し、価値のないコンテンツが検索結果の上位に表示されるようになってしまったため、検索エンジンは本質に戻り、外部リンクの評価を下げるとともに、コンテンツ自体の評価を高める方向に変化してきています。

■ より大切になる「内部対策」

　「内部対策」とは、検索エンジンの評価するコンテンツを作成し、それがより早く正確に検索エンジンに伝わるようにする対策です。コンテンツの中身を正確に評価することは非常に難しいため、今までは外部リンクの数などが高く評価されてきました。しかし、利用者が求めるコンテンツを提示することに価値のある検索エンジンは、技術の進歩とともに、コンテンツの中身を正確に評価するための技術を追求してきており、その結果、コンテンツの出来でWebサイトを評価する傾向が強まっています。

■ 慎重な対応が必要な「環境対策」

　一般的には内部対策に含まれますが、あまり議論されないのが「環境対策」です。環境対策はWebサイトを運営する環境を整える対策であり、頑張りに比例して効果が高まるものではありませんが、疎かにするとほかの対策の効果も打ち消しかねない大切なものです。また、途中で環境を変更するには大きな労力が必要となるので、慎重に対応しましょう。

　具体的には、Webページの表示速度に関わるサーバの処理能力、ドメインを購入してからの利用期間であるドメインエイジ、スマートフォンやタブレットなどの複数のデバイスへの表示対応などが環境対策に含まれます。

◀適切な「環境対策」に支えられた「内部対策」こそ、SEO対策で勝ち抜く秘訣です。

本書で扱うSEO対策の分野

　本書では、これからより効果が高まっていく本質的な対策である「内部対策」と、疎かにすると成果を下げる要因となる「環境対策」を中心に方法論を解説していきます。

　一方、本質的ではなく、これから効果が低下していく「外部対策」に関しては、簡単に触れる程度にとどめています。しかし、現在でも一定以上の効果があることは確かですので、興味のある方は外部対策を専門に扱った書籍を参考にしてください。一般的に外部対策とされる手法は、どれだけ検索エンジンにわからないように多くの外部リンクを集めるかということに尽きるのですが、これまでSEO対策の中心的な方法であったため、さまざまな方法が研究されているので、参考になる内容もあるかと思います。

より効果が高まっている「内部対策」

技術が進歩し、すべてのコンテンツを正確に評価できるようになれば、究極の形としては、コンテンツだけが評価対象になります。

Section 04　10年先を見据えたこれからのSEO対策

Category ／ 基礎 ／ 本書の方針

SEO対策の概略を解説してきましたが、ここで、SEO対策における現在の傾向と将来の姿を確認し、これから将来に渡り長い間、効果を発揮し続けるSEO対策とはどのようなものかをあらためて考えてみましょう。

これまでSEO対策とされていたもの

現在のSEO対策の傾向を確認する前に、まずはこれまでのSEO対策がどのようなものであったかを簡単におさらいします。

■ 検索エンジンをだますことに終始

初期の検索エンジンが登場した1990年代半ば、検索エンジンの評価基準には穴が多く、簡単にだますことができました。例えば、利用者には見えない形でWebコンテンツにキーワードをたくさん入れる程度の対策でも、大きな効果が得られたのです。

Googleが登場した2000年代以降も、検索エンジンをだますことは簡単で、コンテンツの内容やWebサイトの使いやすさは置き去りにされ、小手先の対策が主流でした。特に外部リンクを集める対策の効果は高く、自分で作成したWebサイトやブログからリンクを張ったり、SEO業者からリンクを購入したりする対策は、現在でも行われています。

■ だまされ続ける検索エンジンの先にあるもの

検索エンジンをだますSEO対策が効果を発揮し続けた場合、検索エンジンはどうなっていくのでしょうか。答えは簡単で、検索エンジン自体の価値がなくなり、検索エンジン自体がなくなってしまいます。

検索エンジンの利用者は、希望の情報にたどり着けなければ使わなくなってしまいます。**検索エンジンが価値のないサイトにだまされ、利用者の希望しない検索結果を返し続けてしまうと、その存在価値を失い、誰も使わなくなってしまい、存続できなくなってしまうのです**。そのため、検索エンジンは、その存在価値をかけて自身をだまそうとするSEO対策の駆逐と、正確な評価の実現を目指し、常に技術開発をし、評価方法に磨きをかけているのです。

小手先の技術ではない本質的対策

では、検索エンジンとSEO対策の現状はどうなっているのでしょうか。現在の検索エンジンの状況と、これからのSEO対策の方向性を確認しましょう。

■ 現在の検索エンジンの状況

これまでは検索エンジンの技術が低く、「検索エンジンをだます」手法が高い効果を発揮してきましたが、**2000年代後半から検索エンジンの技術が飛躍的に高まり、だます手法はほとんど通用しなくなってきています**。そのため、初期のSEO対策で横行した単純な対策はすぐに発覚し、ペナルティを受けることになります。また、外部リンクを集める対策も、効果が低下してきているとともに、発覚してペナルティを受けるリスクも高まっています。コンテンツは文脈が解釈されるようになり、キーワードも対象キーワードそのものだけでなく、関連ワードも評価されるようになり、コンテンツのレイアウトも評価の対象になるなど、検索エンジンの評価方法はより複雑に、より正確になってきています。

■ これからのSEO対策が進む方向

IT技術やWeb世界の進歩の速さを考えると、検索エンジンの技術はこれからも停滞することなく進歩していくと考えられます。そのため、一時的に効果があったとしても、検索エンジンをだますSEO対策は長期的に見れば効率の良い対策とはいえません。また、検索エンジンをだます行為は、検索結果とコンテンツの内容が合致しないため、利用者を落胆させ、2度と訪問させなくする行為でもあります。検索エンジンは、「利用者の希望」を叶えるための評価基準を追及しているので、検索エンジンが「良いと評価するもの」は、「利用者が求めるもの」でもあります。**検索エンジンの求める「利用者の希望を叶えるWebサイト」を作成することが、長く効果のあるSEO対策になると同時に、利用者に価値を提供し、長く愛され使われ続けるWebサイトにもつながるのです。**

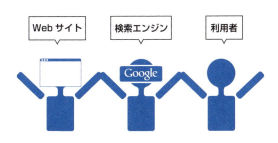

◀「Webサイト」「検索エンジン」「利用者」の3者にとって有益なWebサイトを作ることこそ、SEO対策の目標です。

ポイントは「オリジナリティ」と「利便性」

　検索エンジンの進歩とともに、「検索エンジンをだます」対策から、検索エンジンの求める「利用者の希望を叶える」対策が重要になってきたことは納得していただけたでしょう。では、検索エンジンは何を基準に、「利用者の希望を叶えるWebサイト」だと判断するのでしょうか。

■ もっとも大切なコンテンツの「オリジナリティ」

　当たり前の話ですが、まず大切になるのはコンテンツです。利用者のニーズを満たすコンテンツがあるか否かがもっとも大切になります。充実したコンテンツがないWebサイトでは、訪問した利用者が満足するわけがありません。

　これまでのSEO対策でコンテンツが疎かにされていたのは、検索エンジンがコンテンツを正確に評価できなかったからにすぎません。利用者のニーズを満たすオリジナリティの高いコンテンツは、検索結果の価値を高める多様な選択肢となるため高く評価され、その評価は技術の進歩とともにより高まっていくでしょう。また、オリジナリティの高いコンテンツには自然と外部リンクが集まるので、外部対策にもつながります。

■ 利用者の満足度を左右する「利便性」

　オリジナリティの高いコンテンツを作成したら、次に大切になるのが「利便性」です。どんなに利用したいコンテンツでも、ページが表示されるまでに何分もかかるのでは、利用者は不満に思うでしょう。また、表示されたページが見にくく、目的の内容がなかなか見つからないのも利用者の満足度を下げます。

　Googleはページの表示速度だけでなく、利用者それぞれの環境で最適な表示がされるか、レイアウトが利用者にとって見やすくなっているかなども評価の対象にしています。SEO対策のためにも利用者のためにも、「利便性」を考えることが大切です。

◀ Googleの「品質に関するガイドライン」（https://support.google.com/webmasters/answer/35769?hl=ja#3）の基本方針においても、利用者の「利便性」を最優先にすること、「独自性」「価値」「魅力」を考え「差別化」することが明記されています。

質の高いコンテンツを効率的に伝える

検索エンジンが「利用者」を向いていることをふまえれば、利用者のニーズを満たす「オリジナリティ」が高く、「利便性」の高いWebサイトやコンテンツが高く評価されることは当然のことだと納得できるでしょう。しかし、それだけで本当に、高い成果を実現できるのでしょうか。

■ 評価を受けるために必要な「伝える」テクニック

2015年8月に日本のMicrosoftが、女子高生人工知能の「りんな」をLINEで公開し話題になりましたが、実際に利用すると会話がかみ合わず、どこかもどかしさを感じてしまいます。Microsoftは検索エンジンのBingも提供する世界有数のIT企業ですが、短文形式のLINEのやり取りでさえ、コンピュータでは日本語の文脈を完全には把握できないのです。

SEO対策の本場アメリカでは、ずいぶん前から文意や関連ワードが重要だといわれていますが、実行した施策の結果やSEO業界の方の話を総合すると、まだ日本では文意や言い換えを正確に把握しきれていないようです。その原因としては、日本語の文章が、接続詞や接続助詞によってどこまでも長くなること、そして、単語ごとにスペースで区切られる英語などの言語と異なり、隙間なく単語が続く上に、漢字や平仮名、片仮名などが入り乱れ、単語を把握しにくい言語であることなどが推測されます。

つまり、**日本における検索エンジンは、「良い」コンテンツを作成しただけでは評価してくれない可能性があるのです**。そこで必要になるのが、**検索エンジンに「早く」「正確に」伝えるための方法を知り、実行することです**。長期的には効果は低下していくでしょうが、現時点では、検索エンジンに「伝える」ためのテクニックも必要なのです。

「りんな」
URL http://rinna.jp/rinna/

「オリジナリティ」と「利便性」がポイント

長く効果のあるSEO対策のためには、「オリジナリティ」の高いコンテンツを、利用者の「利便性」が高くなる形で提供することが大切です。

Section 05 成果を出し続けるための本書の方針と構成

Category | 基礎 | 本書の方針

SEO対策の基礎と、これからのSEO対策のあるべき姿を理解したところで、本書がどのような方針で作成されているか、そしてSEO対策を実行できるように、どのような構成になっているかを確認して、次章からの実際の内容に移りましょう。

■ 成果を出し続けるための本書の方針

本書は長い間安定した効果を発揮し、より多くの方が使い続けられるよう、以下の方針にもとづき作成しています。

■ 効果の確認されている方法を選別

現在のSEO対策では、小手先のテクニックの効果は低下し、本質的な対策の効果が高まっています。**本書では、一過性のテクニックを排し、長期に渡り効果が出し続けられる、効果の検証された方法論の中から、最新の状況をふまえ、将来も効果が期待される本質的な対策を選別し提供しています。**

▲さまざまな方法の中から、本質的な対策だけを紹介します。

■ 流れのある構成と逆引き機能

最初から順に読んでいけばSEO対策の効いたWebサイトが作成でき、効率的に運用していけるよう、**システムやサーバなど環境の選定から始め、テーマ選択、構造設計、各種登録と設定、コンテンツ制作、運用とWebサイトの作成から運用までを、ひと続きで解説しています。**

また、既存サイトや本書を利用して作成したサイトでも利用し続けられるよう、Webサイト運営時にぶつかる問題をリストアップし、それぞれの問題の解決法が解説されている箇所を検索できる逆引き機能を用意しています。

本書が対象とするSEO対策の分野

本書はSEO対策の効いたWebサイトの作成を目的とし、以下の分野におけるポイントと方法論を解説します。

■ 環境の準備から運用までを網羅

本書はSEO対策におけるすべての分野とともに、それを継続するための運用方法や、ペナルティに関する内容も対象に解説しています。ただし、コンテンツ制作に関しては、従来のSEO対策の観点から、マークアップ方法を中心とし、これからのSEO対策でより重要になっていくWebライティングの分野は扱っていません。Webライティング方法の詳細に興味のある方は、本書の姉妹本に当たる前著「SEO対策のためのWebライティング実践講座」(技術評論社)をご一読ください。

◀本書では、SEO対策に必要となる、幅広い要素を解説します。

検索エンジン対策＝Google対策、と考えるのは危険？

現在の日本では、90%以上の検索結果にGoogleの評価が反映されています。そのため、SEO対策の話では、ほとんどGoogleだけを念頭に議論されますが、現在も利用シェアはYahoo!が1位であり、2010年にYahoo!がGoogleの検索技術を導入した結果、こうなっていることを忘れてはいけません。また、米国のYahoo!は2009年から米国のMicrosoftと提携してBingの検索技術を導入し、全世界のYahoo!にも反映しようとしてきたことを考えれば、世界的には日本の現状は異質といえます。このような不確定要素や、Google以外の検索エンジンの利用者も一定数いることをふまえると、Googleだけを見て対策をするのはリスクがあり、機会損失にもつながるといえます。そのため、本書はGoogleへの対策を柱にしながらも、Googleへの対策だけでは不足してしまうほかの検索エンジンへの対策についても触れることにより、どのような状況下でも成果が出せる内容にしています。

本書の構成

本書はSEO対策の効いたWebサイトが作成できるよう、以下の構成となっています。

第2章	Webサイト運営時にぶつかる問題を「インデックス」「検索順位」「成果」「更新管理」の4つに分けてリストアップし、それぞれの問題の解決法が解説されている箇所を検索できます。本書によってWebサイトを作成したあとはもちろん、すでにWebサイトを運営している場合も、この逆引き機能により、効果的に本書を利用できます。
第3章	Webサイト作成の第1歩として、利用システムやサーバの選定、ニーズがあり勝てるテーマとキーワードの決定、常に成果を上げるためのサイト設計、効果を高める外部サービスとの連携方法について解説します。これらのことで、オリジナリティと利便性の高いコンテンツを提供し、検索エンジンに高く評価されるための土台固めをします。
第4章	検索エンジンに、より早く効率的に伝えるための方法を解説します。必ず利用すべきサービスの紹介と利用方法、ドメインやURLの選び方や効果を分散させないためのポイント、効率的にクローラを呼び込み抜け漏れなく情報を伝える方法、検索エンジンに評価され管理も楽なスマホ対応法などについて触れます。
第5章	SEO対策の効果を高めるために、Webコンテンツを記述する言語であるHTMLの基礎と、マークアップ方法を解説します。SEO対策の書籍では必ず解説され、内部対策の「裏ワザ」が主にこのマークアップの工夫で実現されてきたことからもわかるように、今でも効果のある大切な要素です。本書では検索エンジンをだます方法ではなく、正確に伝えるための方法を扱います。
第6章	Webサイト運営に必須のツールである、Search Consoleを扱います。まず登録、設定方法を解説した上で、Webサイトの評価や利用のされ方、SEO対策状況の確認法、各種運営時に発生する問題への対策法を解説します。Search Consoleの使い方を理解することで、より効率的に、より安定したWebサイト運営を継続できるようになります。
第7章	方法論の最後として、Webサイトの継続を脅かす、検索エンジンによるペナルティに触れます。ペナルティとはどのようなものか解説した上で、ペナルティが疑われる場合の判定方法と、ペナルティを解消するための対応方法を解説します。ペナルティを受けた場合はもちろん、ペナルティを受けないためにも、必ず知っておきたい内容です。
第8章	本書の最後として、Webサイト制作時と運営管理時に役立つ無料ツールを紹介します。無料ツールを利用することで、安くWebサイトを制作、運営できるだけでなく、効率的なWebサイト運営が可能になり、高い成果を長く継続していけるようになります。

まずはチェック!
ダメなところから作り直そう

Section 06 ▶ お悩み別改善ポイントチェック
Section 07 ▶ Webサイトがインデックス化されない場合
Section 08 ▶ Webページがインデックス化されない場合
Section 09 ▶ インデックス化されるのに時間がかかる場合
Section 10 ▶ 検索結果の上位に表示されない場合
Section 11 ▶ 上位表示が成果につながらない場合
Section 12 ▶ 成果が低下している、または安定しない場合
Section 13 ▶ 更新管理に労力がかかりすぎる場合

Section 06 お悩み別改善ポイントチェック

Category | 導入 | インデックス | 検索順位 | 成果 | 更新管理

本章は、Webサイト運営時にぶつかる課題に関して、チェックポイントを確認することで解決法を検索できる逆引きリストです。Webサイト作成時はもちろん、運用時にも利用しやすいよう、作業手順からではなく課題から対策を探せるようにします。

本章の使い方

　本書では、Webサイトを作成する方が、本書を前から読み進めれば抜け漏れなくSEO対策が施せるよう、Webサイト作成の作業手順に沿って方法論を解説しています。これは、多くのSEO対策書籍がSEO対策の分野に沿った構成になっているため、専門知識のない方は何から手をつけたら良いかわからない、という問題をふまえたものです。

　しかし、すでに運営しているWebサイトを考えると、Webサイト作成手順に沿った構成では、何をすればSEO対策を強化できるかわかりにくいのも事実です。そこで、Webサイトを作成したあとはもちろん、すでにWebサイトを所有している方が直面している課題の対策を発見するためのツールとして、本章は提供されています。

■これからWebサイトを作成される方へ

　これからWebサイトを作成される方は、本書の流れに沿って作業をしていけば、抜け漏れなく対策できるので、本章は飛ばし、次章から読み進めてください。そして、完成したWebサイトを運営していく中で、思い通りの効果が発揮されない場合に本章に戻れば、原因を究明でき、解決のためのヒントを見つけられるでしょう。

■すでにWebサイトを運営されている方へ

　まずは本章を確認し、気になるポイントから対策することをお勧めします。もちろん、本書の流れに従ってWebサイトの作成手順に沿って学んでいっても、改善点を見つけられるでしょう。SEO対策は、成果が出るまでにある程度時間を要します。まずは直面している課題から対応しましょう。そして、一通り対策を行ったら、Webサイト作成におけるSEO対策の全体像を理解するために、本書を読み通してみましょう。きっと、思わぬ発見もあるでしょう。

4つの改善ポイント

本章では、Webサイト運営時にぶつかる課題を以下の4つに分け、それぞれにおけるチェックポイントから、本書内の関連するセクションを検索できるようにしています。

■最初にぶつかる課題「インデックス」

SEO対策の第一歩は、検索エンジンに認識されることです。検索エンジンが収集したWebページのデータを、データベースに格納することを「インデックス化」するといいます。いかに良いコンテンツを制作しても、検索エンジンがインデックス化してくれなければ評価以前の話です。**対策の第一歩として、より早く、より正確にインデックス化してもらうためのポイントをチェックしましょう。**

■もっとも一般的なSEO対策「検索順位」

次は、**検索エンジンに高く評価されるようにするためのポイントと解決策をチェックしましょう。**インデックス化されたとしても、検索結果の上位に表示されるかどうかは、また別の問題なのです。

■SEO対策のゴール「成果」

検索エンジンに高く評価され、いくら検索結果の上位に表示されるようになったとしても、ページの閲覧や商品の購入など、目的の行動をしてもらえなければ対策した意味がありません。**「検索順位」で上位表示されるようになったら、次は成果につなげるためのポイントをチェックしましょう。**

■成果を継続するための「更新管理」

いかに成果が上がっても、多大なコストが必要ならば継続は困難です。自分でSEO対策を行う場合、最大のコストは更新管理における作業コストです。**高い成果を低いコストで継続していくために、最後に更新管理におけるコストを下げるためのポイントをチェックしましょう。**

課題解決のための逆引きツール

Webサイトを運営していけば、必ず課題にぶつかります。そのときに、解決法を見つけるためのツールとして、本章をお使いください。

Section 07 Webサイトがインデックス化されない場合

Category｜導入｜**インデックス**｜検索順位｜成果｜更新管理

Webサイトを作成して最初にぶつかるのは、サイト自体がなかなか検索エンジンに認識されない問題です。また、認識されていたWebサイトが、検索結果から除外されてしまうこともあります。そのような場合のチェックポイントを確認しましょう。

検索エンジンへの伝達の問題

■ 必要なサービスへの登録は済ませているか？　　→ Sec.26

　検索エンジンは、世界中に無数にあるWebサイトの発見や更新情報の収集に追われているため、Webサイトを作成しただけでは、見つけられるまでに時間がかかってしまいます。その時間を短縮するためには、**検索エンジンにWebサイトを作成したこと、しっかりと更新管理しているWebサイトであることを知らせる必要があります。**

■ 大きなWebサイトから外部リンクを得られているか？　　→ Sec.27

　特にWebサイト作成直後に重要になりますが、ある程度以上の規模のWebサイトから外部リンクを張ってもらうことも重要です。検索エンジンが外部リンクを評価指標にしているのは第1章で触れた通りですが、Webにあるページを発見するための手段としても利用しています。**検索エンジンが頻繁にチェックしているWebサイトから外部リンクを獲得すれば、検索エンジンを呼び込む導線となり、より早く見つけてもらえます。**

各種設定の問題

■ 検索エンジンが情報収集できない状態になっていないか？　　→ Sec.31 コラム
　　　　　　　　　　　　　　　　　　　　　　　　　　　　　　　Sec.49／Sec.64

　作業効率を考え、公開前のWebサイトをWeb上にアップし、場所や時間に縛られず制作作業を進めることがあります。そのような場合、制作作業中は検索エンジンにインデックス化されないようにしますが、インデックス化されない原因として、この設定を解消し忘れている場合があります。ほかにも、**誤った設定によって、検索エンジンが情報を収集できない状態になっていることがあるので注意しましょう。**

ペナルティの問題

■ 過剰な対策でペナルティを受けていないか？
→ Sec.28 コラム／Sec.56
Sec.60 〜 Sec.69／Sec.71

Webサイト作成後、必要なサービスに登録して外部リンクもあり、検索エンジンが情報収集できる状態になっているのに、ある程度以上時間が経過してもインデックス化されない場合は、ペナルティを受けている可能性があります。これは、インデックス化されていたWebサイトが急に検索結果に表示されなくなった場合も同様です。

このような場合は、まずSec.60 〜 65でペナルティとは何かを確認し、実際にペナルティを受けているのか否か判定しましょう。そして、実際にペナルティを受けている場合は、Sec.66 〜 69、Sec.71を参考に対応しましょう。

■ マルウェアなどセキュリティ上の問題はないか？
→ Sec.54／Sec.63／Sec.70

適切な対策ができており、ペナルティも受けていないのにどうしてもWebサイトがインデックス化されない場合は、セキュリティにおける問題の可能性があります。具体的には、マルウェアなど悪意のあるソフトウェアに感染しており、利用者に害をなす可能性があるため、検索結果から削除された場合がこれに当たります。

このような場合は、Sec.54、63を読み感染の有無を確認し、感染が確認された場合は、Sec.70を参考に対応しましょう。

▲インデックス化が SEO対策のスタートラインです。インデックス化を妨げる原因は必ず見つけましょう。

SEO対策の第一歩は、インデックス化から

検索エンジンにインデックス化されなければ、何も始まりません。より早く、より正確にインデックス化されるための対策を、しっかり行いましょう。

Section 08 Webページがインデックス化されない場合

Category / 導入 / **インデックス** / 検索順位 / 成果 / 更新管理

Webサイトがインデックス化されても、Webサイトの中に、どうしてもインデックス化されないページが残る場合があります。大規模サイトでは全ページをインデックス化させるのは困難な場合もありますが、重要なページはしっかりと対応しましょう。

Webサイトの設計の問題

■ クローラに伝わりやすい設計になっているか？　→Sec.21／Sec.64

　クローラビリティとは、インターネット上にあるWebサイトの情報を収集する自動巡回プログラム（クローラ）の巡回のしやすさを指します。**クローラビリティが悪いと、せっかく検索エンジンのクローラがWebサイトに来てくれても、情報を収集しきれずに帰ってしまいます**。Sec.21を参考にクローラビリティの良いWebサイトを作成するとともに、Sec.64でクローラをブロックしてしまっていないかチェックしましょう。

検索エンジンへの伝達の問題

■ XMLサイトマップを用意しているか？　→Sec.30／Sec.47／Sec.74

　XMLサイトマップとは、検索エンジンにWebサイトのコンテンツ構成を伝えるために、URLや最終更新日、更新頻度などをリスト化したファイルです。検索エンジンへの正確な情報伝達に役立ち、**特にクローラが検出しにくいコンテンツがある場合や、Webサイトがまだ新しく、外部サイトから十分にリンクされていない場合などに重要**です。Sec.30とSec.74を参考に作成し、Sec.47の方法で登録しましょう。

■ robots.txtで全検索エンジンに対応できているか？　→Sec.31／Sec.52

　SEO対策の情報の多くがGoogleのみを対象にしているため、詳しい方が対策したWebサイトでも、実はGoogle以外の検索エンジンではほとんどインデックス化されていない場合があります。**Google以外の検索エンジンに対する最低限の対策として、Sec.31とSec.52を参考に、robots.txtを利用してサイトマップを指定しておきま**しょう。

第2章　まずはチェック！ダメなところから作り直そう

■ 別バージョンのURLで登録されていないか？　　　→Sec.29／Sec.46

「www」の有無に対応している場合や複数カテゴリに属するコンテンツがある場合、またはスマートフォンに対応したWebサイトも運営している場合などでは、**1つのコンテンツに複数のURLが認識されてしまうことで、インデックス化されないURLが生じる可能性があります**。

■ 検索エンジンが認識できない形式になっていないか？　　　→Sec.22

Silverlightなどのリッチメディアファイルや動画、画像などは、中に含まれる内容を検索エンジンは認識できないので、それだけでコンテンツを制作すると、正当に評価してもらえない可能性があります。Sec.22を参考に確認し、改善しましょう。

ペナルティの問題

■ コンテンツ内でキーワードを乱用していないか？　　　→Sec.66

SEO対策を始めたばかりのときに行いがちなのが、キーワードの乱用です。現在の検索エンジンは文意や共起語なども把握する方向に進んでいるので、**過度にキーワードを入れようとはせず、文章の流れの中で、適度にキーワードを入れるようにしましょう**。

■ 利用者に見えない形のテキストやリンクはないか？　　　→Sec.67

キーワードの乱用と同様に思わずやってしまいがちなのが、見えない形のテキストやリンクの利用です。「SEO対策を考えるとテキストにしたほうが良いが、見栄えを考えると画像にしたい」からといって、**テキストを画像の裏に入れたり、見えないほど小さなフォントサイズで反映したりしてしまうとペナルティ対象になるので、注意しましょう**。

■ 価値のないコンテンツばかりになってないか？　　　→Sec.68

根本的な原因として、対象ページのコンテンツに、検索エンジンがインデックス化するだけの価値がない場合があります。**コンテンツの価値はより重要になっていくので、常に価値あるコンテンツの制作を心がけましょう**。

POINT　価値あるコンテンツの制作が大前提

全ページをインデックス化するには、検索エンジンに伝わりやすくする必要がありますが、インデックス化する価値があると判断されることが大前提となります。

Section 09 インデックス化されるのに時間がかかる場合

Category 　導入　**インデックス**　検索順位　成果　更新管理

WebサイトやページがインデックスÌ化されるようになっても、インデックス化されるまでに時間がかかる場合があります。ニュースやノウハウなら情報価値が失われ、商品の紹介や販売では商機を逃す可能性があるので、しっかりとした対策が必要です。

検索エンジンへの伝達の問題

■ 検索エンジンに知らせるための対策をとっているか？　　→ Sec.26

　Sec.07で触れたことと同様に、**Webページも制作したことを検索エンジンに知らせなければ、見つけてもらえるまでに時間がかかってしまいます**。

■ Ping送信やソーシャルブックマークを利用しているか？　　→ Sec.32

　現在ではあまり高い効果は期待できませんが、Ping送信やソーシャルブックマークを利用するのも、特に**Google以外の検索エンジン対策として一考の価値があります**。

登録や設定の問題

■ 各種必須サービスを利用できているか？　　→ Sec.26／Sec.45～Sec.48

　新しいページの作成や、Webサイトの更新などの情報を伝える際も、**Search ConsoleやBing Webマスターツールの提供する機能が重要になります**。

■ XMLサイトマップを用意しているか？　　→ Sec.30／Sec.47／Sec.74

　新規作成や更新情報をXMLサイトマップに反映することで、クローラに抜け漏れなく情報が伝わるだけでなく、Search Consoleなどにより能動的な情報申請もできます。

POINT　より早く伝えるための対策も必要

世界中のWebサイトのページを確認している検索エンジンにより早く情報を伝えるためには、適切なツールを使ったりルールに従ったりする必要があります。

Section 10 検索結果の上位に表示されない場合

Category 導入 インデックス **検索順位** 成果 更新管理

いくらインデックス化されても、検索結果の上位に表示されなければ検索している人の目に触れず意味がありません。インデックス化されたのに上位表示されない場合の対策はどうすれば良いのでしょうか。ここでは、そのチェックポイントを紹介します。

テーマや設計の問題

■ ライバルに勝てるキーワードを選定できているか？　　→Sec.17

　SEO対策は、自身のWebサイトを磨いていけば必ず成果が出るわけではありません。例えば、個人がどんなに頑張っても、大企業が熾烈な競争を繰り広げているキーワードで勝つのは困難です。自分のWebサイトに完璧な対策を行えたとしても、ライバルが強ければ上位にはなかなか表示されないのです。**選んでいるキーワードが悪ければ、何をしても成果は上がらないので、まずはキーワードの競合チェックから始めましょう。**

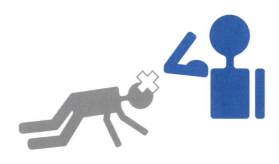

◀相手が強すぎれば、どんなに頑張ったとしてもなかなか勝てない場合があります。

■ 構造に合わせてキーワードを設定できているか？　　→Sec.18／Sec.50

　同じWebサイトの中でも、SEO対策が効きやすい箇所と効きにくい箇所があります。**ライバルが強く勝つのが大変なキーワードはSEO対策の効きやすい箇所に配置し、ライバルが弱く簡単に勝てるキーワードはSEO対策の効きにくい箇所に配置することが、上位表示させるためには大切です。**まずはSec.18を参考に、キーワードの振り分けが正しいか確認しましょう。また、Webサイト内での相対的重要度の指標となる内部リンクの張られ方に関しては、Sec.50を参考に確認しましょう。

第2章　まずはチェック！ダメなところから作り直そう

■ 成長段階を考えたサイト設計になっているか？　→Sec.19

　SEO対策の効果は、Webサイトの運営期間や規模によっても変わります。まったく同じページでも、運営期間が長くなったりWebサイトの規模が大きくなったりすれば、SEO対策の効果は強くなります。多くの場合、大企業のための大規模サイトで有効な施策が中心に研究され、SEO対策も同様の方向で発展してきました。そのため、中小規模の予算の少ないWebサイトが勝っていくための方法論は議論されておらず、特にこの成長段階の概念は抜け落ちていることが多くなっています。常に勝てる成長段階を考えた設計になっているか、Sec.19を読んで確認しましょう。

■ 外部サービスを上手に利用できているか？　→Sec.24／Sec.25

　Sec.03の外部対策でも触れたように、現在でも外部リンクの効果は確実にあります。そのため、どんなに良いコンテンツを作り、正しい対策を行ったとしても、ライバルとなるWebサイトも同程度の対策を行っている上に外部リンクも集めているのならば、検索順位で勝ることは困難です。その対策として、ブログやSNSなどの外部サービスを利用し、上手に情報を拡散することで外部リンクを集めることも重要になります。また、外部リンクについては、Sec.27も参照しておきましょう。

■ 表示が速くて軽いページを作成できているか？　→Sec.15／Sec.33 コラム　Sec.55／Sec.75

　検索エンジンによる表示順位の決定には、対象ページの表示速度も関係してきます。表示に時間のかかるデータ量の多い重いページは利用者にストレスを与えるので、Googleもできるだけ軽く、利用者にストレスを与えないWebサイト作りを推奨しています。この傾向は、スマートフォンやタブレットの普及による無線接続でのWebサイト利用者の増加に伴い、より強化されていく可能性があります。また、無線接続サービスの料金プランが従量制になってきているので、データ使用量が多くなる重いWebサイトは、金銭的な面からも利用者に敬遠されていく可能性があります。

◀表示が軽いページは、検索エンジンの評価が高くなるだけでなく、利用者にも好まれます。

URL設計やスマートフォン対応の問題

■ ドメインやURLの構造は適切になっているか? → Sec.28～Sec.29

　ドメインもSEO対策には関係があり、しっかりと選べば、より高いSEO対策の効果が期待できます。また、URLの構造が正しくないとペナルティ対象となったり、SEO対策の効果が分散してしまったりするので、**ドメインやURLのことを考えたことがない場合は、しっかりと対策を確認し、実行できることから対応しましょう。**

■ 適切なスマートフォン対応ができているか? → Sec.33／Sec.55

　検索エンジンは、世界中でスマートフォンからのWebサイト利用者が増加していることをふまえ、**利用者の利便性の観点から適切な対応を推奨し、特にスマートフォンの検索順位の評価対象にしています。**スマートフォン利用者の訪問の減少は、紹介の形で張ってもらえる可能性のあった外部リンク数の減少につながり、結果としてスマートフォンだけでなく、パソコンなどにおける検索順位も上がりにくくなってしまいます。

 ## マークアップの問題

■ 正しいマークアップができているか? →第5章／Sec.53／Sec.76

　P.21の「質の高いコンテンツを効率的に伝える」で触れた通り、「オリジナリティ」が高く、「利便性」の高いWebサイトやコンテンツを作成しても、そのことを検索エンジンに効率的に伝えられなければ、高い評価は期待できません。そして「効率的に伝える」ためには、「正しいマークアップ」が重要になります。**これまでは、検索エンジンをだますためのマークアップ方法が議論されてきましたが、これからは正しいマークアップで検索エンジンに効率的に伝えることが重要になります。**正しいマークアップ方法は第5章を、正しくマークアップできているかのチェックはSec.53とSec.76を参考にしましょう。

 上位表示されてこそのSEO対策

検索結果の上位に表示されなければ、利用者の目に触れず成果は上がりません。SEO対策の方法論の多くは、Webサイトを上位表示させるために発展してきました。

Section 11 上位表示が成果につながらない場合

Category | 導入 | インデックス | 検索順位 | 成果 | 更新管理

いくら検索結果の上位に表示されるようになっても、ページの閲覧や商品の購入など、目的の行動を行ってもらえなければ意味がありません。検索結果の上位に表示されることと成果が上がることの間には、あと一歩、隔たりがあるのです。

テーマや導線、運営環境の問題

■ コンテンツに人気のあるテーマを選べているか？ →Sec.16

「北海道 カニ」の検索結果に並んで表示されたとしても、北海道のカニのおいしいお店に関するコンテンツと、北海道のカニの生態に関する学術的なコンテンツでは、検索結果のクリック率は大きく異なります。**検索結果の上位に表示されても、検索する人が求めており、利用したくなる内容でなければ、高い成果は期待できません。**

■ 成果につながるキーワードを選定できているか？ →Sec.16 コラム／Sec.17　Sec.50／Sec.78

検索結果の上位に表示されても、対象のキーワードを検索している人がいなければ、成果は望めません。**成果を上げるためには、多くの人に検索されているキーワードを選ぶ必要があります。また、検索件数があっても、目的のアクションにつながらないキーワードで上位表示されても成果にはつながりません。**キーワードとアクション率の関係はSec.17を、Webサイト全体におけるキーワードの反映状況の確認方法はSec.50を確認しましょう。

■ 目的に誘導できる導線設計になっているか？ →Sec.23 コラム

Webサイトに利用者が訪問したとしても、目的の行動への導線がわかりにくければ、やはり高い成果は見込めません。Webサイトによっては、申し込みボタンが見つけにくかったり、広告が多すぎてメインのコンテンツまで行き着けなかったりする場合があります。また、Googleはページレイアウトアルゴリズムによって、ページのレイアウトも評価対象にしているので、**成果のためだけでなく検索順位のためにも、利用者にわかりやすく利用しやすいレイアウトを心がけましょう。**

■ **表示速度の速い、軽いページを作成できているか？**　→ Sec.15／Sec.33 コラム

　Sec.10の表示順位でも触れましたが、表示速度が遅いと利用者はストレスを感じ、ページが開かれる前に利用をやめてしまいます。一説には、世界最大のeコマースサイトAmazonでは、表示速度が0.1秒早くなるごとに売上が1％上がるといわれるほどです。**通信速度の限界がある携帯端末からの利用が増加している現在では、表示速度の速い軽いページを作る必要性は高まっています。**

スマートフォン対応の問題

■ **適切なスマートフォン対応ができているか？**　→ Sec.33

　例え検索順位が高く、スマートフォンからの訪問者があっても、スマートフォン対応ができていないWebサイトは利用しにくく、目的の行動をとってもらえません。スマートフォンなどの携帯端末からの利用者が増えてきていることをふまえると、**しっかりとスマートフォンなどのパソコン以外のデバイスにも対応することは、高い成果を上げるために不可欠です。**

検索結果の表示の問題

■ **検索結果の表示は適切になっているか？**　→ Sec.36／Sec.37／Sec.44
　　　　　　　　　　　　　　　　　　　　　　　Sec.51／Sec.53／Sec.57

　検索結果をクリックして、実際にページを訪問してくれるかどうかは、検索結果の表示内容で変わります。**クリック率を上げるために、検索結果に表示されるタイトルやページの抜粋では、興味をひくとともに「ページを見るべき」「アクションすべき」理由を明示する必要があります。** クリック率はSec.51、反映方法はSec.36とSec.37、タイトルや抜粋の記述漏れや重複などはSec.53を参考にチェックしましょう。また、扱うコンテンツのジャンルによってはレビューの平均点や写真、価格なども表示できるので、Sec.44とSec.57を参考に対応しましょう。

上位表示も、成果につながってこそ意味がある

SEO対策は上位表示させれば終わりではありません。上位表示を目的の成果に結びつけるために、導線の準備や利用環境への対応が必要です。

Section 12 成果が低下している、または安定しない場合

Category | 導入 | インデックス | 検索順位 | 成果 | 更新管理

目的の成果が出るようになっても、それが一過性のものでは困ります。継続して高い成果を上げ続けるためには、安定して成果を上げられる施策の選択が必要です。ここでは、成果を安定させ、長く利益をもたらすためのポイントを紹介します。

テーマやサイト設計の問題

■ 一過性ではないテーマを選定できているか？　　→ Sec.16

コンテンツを制作する時点で、検索件数が十分あり検索する人が求めているテーマを選んでも、そのニーズが一過性のものでは、すぐに成果が上がらなくなってしまいます。**テーマ選定時には、現在のニーズはもちろん、将来のニーズもチェックしましょう。**

■ コンテンツを上書きしてはいないか？　　→ Sec.19

コンテンツ制作時に以前のコンテンツを上書きすると、これまでの評価を失う可能性があるのでやめましょう。基本的にWebサイトは、ページ数は多いほうが、そして規模は徐々に拡大しているほうが高く評価されます。**ある程度内容が同じでも、内容を変える工夫をし、コンテンツは新しいページとして制作したほうが高い成果が望めます。**

■ 定期的にコンテンツを更新しているか？　　→ Sec.20 / Sec.23

影響は扱う内容によって変わりますが、例えば「巨人 阪神 試合結果」の検索結果で1年前の試合結果が表示されても意味がないように、情報の鮮度も検索エンジンの評価対象です。**更新頻度が低いと新しい情報が得られず利用者も離れていきますし、クローラの巡回頻度にも関わるので、インデックス化を早くするためにも大切です。**

■ サービス名などの表記ブレに対応しているか？　　→ Sec.23

SEO対策がうまくいき、サービスの認知度が上がってきたときに大切になるのが表記ブレへの対応です。特に英語などの外国語からなるサービス名は、検索時にカタカナ入力されてしまったりスペルミスをされてしまったりします。このような人たちをとり逃さないためにも、表記ブレにも対応しておくことが大切です。

URL設計の問題

■ 適切なURLを選択し、変更しないようにしているか？　→Sec.29／Sec.46／Sec.59

URLはWebサイトやページの住所に当たるものなので、1度決めたら変更してはいけません。変更すると、それまでの検索エンジンの評価を失うことにつながります。Sec.29とSec.46を参考に、評価を分散させないようURLをしっかりと1つにし、もしどうしても変更したい場合は、Sec.59を参考にURLの変更の申請をして、できるだけそれまでの評価を引き継げるようにしましょう。

コンテンツの質の問題

■ 内外要因のペナルティを受けていないか？　→Sec.54／Sec.56／Sec.58／第7章

検索エンジンによる評価が急激に下がった場合は、マルウェアの感染やペナルティの可能性を考えましょう。また、悪意のある第三者によって不当に評価を下げられている可能性もあるので、そのチェックも必要です。マルウェアの感染やペナルティに関してはSec.54とSec.56、および第7章を、第三者による不当な操作に関してはSec.58を参考にチェックし、対応しましょう。

■ 小手先ではない、本質的なSEO対策を行っているか？　→Sec.66〜Sec.69

ペナルティと似た内容になりますが、本質的でないSEO対策を行っていると、ペナルティは受けなくても検索エンジンの評価基準が変わる度に対策の効果がなくなり、成果が安定しません。本質的な対策については本書を通読して対応する必要がありますが、まずは、Sec.66からSec.69までを読み、もし当てはまることがあったら、やめることから始めましょう。

▲「本質」を土台にして、安定した成果を得ましょう。

 効果が安定してこそ、高い成果を得られる

SEO対策は、しっかり行えば安定した成果を望めます。一時ではなく、長い間効果がある対策を行うことで、高い成果を得られるのです。

Section 13
更新管理に労力がかかりすぎる場合

Category | 導入 | インデックス | 検索順位 | 成果 | **更新管理**

安定して高い成果を上げ続けるためには、日々の更新管理の作業が不可欠です。しかし、更新管理作業は効率よく行わないと、ときとして得られる成果より作業負荷のほうが大きくなり、Webサイトを継続させられなくなってしまいます。

運営環境やWebサイト設計の問題

■ 目的に合ったサービスを選択し、利用できているか？　　→ Sec.14

　Webサイトを作成するには、自分ですべて自作するだけでなく、専門企業に依頼したり、ブログやSNSなどのサービスやCMSなどのシステムを利用したりする方法があります。サイトを作成する際は、目的を明確にし、必要な作業のことも考えて、作成方法を決めましょう。

▲目的によって最適な道具は変わります。最適な道具を利用することが適切な成果につながります。

■ 更新頻度を保てる設計になっているか？　　→ Sec.20

　Sec.12でも触れた通り、更新頻度を保つことは、SEO対策のためにも利用者に利用し続けてもらうためにも重要です。更新頻度を保てるように、Webサイトを設計する際には、各ページの更新頻度が保ちやすい構造となるよう設計しましょう。

■ 更新しやすいコンテンツ群を用意できているか？　　→ Sec.23

　更新頻度を保つためには、更新しやすい設計も大切ですが、更新しやすいコンテンツ群を考え用意しておくことも重要です。コンテンツを制作する際に、いつも何を作れば良いか悩むことのないよう、Webサイトの設計段階で更新しやすいコンテンツを用意しておきましょう。

第2章 まずはチェック！ダメなところから作り直そう

Search Consoleの利用における問題

■ Search Consoleを効率的に利用できているか? →第6章

　Webサイトを効率的に運営していくためには、Search Consoleは必須のツールです。更新情報をGoogleに伝えたり、なかなかインデックス化されないページのインデックス化を申請したりできるだけでなく、Googleの評価や利用者の利用状況、セキュリティやペナルティの問題などさまざまなことが確認できます。始めは覚えることが多く少し大変かと思いますが、しっかりと使いこなせるようになれば、Webサイトの運営がずっと楽になるでしょう。

利用ツールの問題

■ 作業を助けてくれる便利ツールを利用できているか? →第8章

　Webサイトの更新管理には、さまざまな作業がつきものです。XMLサイトマップの作成、Webサイトの表示速度や正しくマークアップができているかのチェック、キーワードの出現率の確認やアクセス数の確認など、手作業で行っていては膨大な時間と労力が必要な作業がたくさんあります。それらの作業も、Web上にあるさまざまな無料のツールを利用することで大きく効率化できるので、各種ツールを使い、効率的に作業ができるようにしましょう。

▲便利な道具を利用することで作業が楽になるだけでなく、より適切な対応や正確な分析ができるようになり、大きな成果を上げられるようにもなります。

高い成果を継続するには効率的運営が必須

効率的にWebサイトを運営できないと、高い成果を維持するのは困難です。効率的に運営できる環境と構造の下、さまざまなツールで作業の効率化を図りましょう。

Column

そもそも……もはやSEO対策は不要ではないか！？

　検索エンジンの技術が高まり、Webサイトやページを正確に評価できるようになってきているのなら、そもそもSEO対策は必要なく、今さらやっても意味がないのではないでしょうか？　検索エンジンの進化の先には、SEO対策など不要な世界が待っている、そんなことはないのでしょうか？

■ 検索エンジンの理想

　検索エンジンの目的はあくまで、「利用者にとって価値のある情報を適切に提示したい」だけなので、適切なツールに登録しているとか、Webサイトの構造が素晴らしいとか、コードが正しいとか、最新の技術が使われているとか、それ自体は検索エンジンにとってどうでも良いことです。検索エンジンが世界中の情報を常に把握でき、表示速度の問題が解消され、滅茶苦茶なコードでも正確に情報を収集できるようになれば、検索エンジンは、コンテンツの価値、つまり、コンテンツの「オリジナリティ」や「利用のしやすさ」だけを評価対象とするでしょう。そのときは、早く伝えるための対策や効率的に伝えるための対策は不要になるでしょう。

■ 現時点の検索エンジン

　現時点では、サーバの情報処理速度やインターネットの回線速度の制約により、Webサイトの作りが悪ければコンテンツが表示されるまでに時間がかかり、利用者にストレスを与えてしまいます。また、Sec.04でも触れましたが、検索エンジンは正しく書かれたコンテンツ内の文意や言い換えはもちろん、画像や動画内の情報も正確に把握できません。

　結論としては、やはり現時点ではインフラの面はもちろん検索エンジンの技術の面からも、表示に関する対策や早く効率的に伝えるための対策など、技巧的な対策も必要です。そしてどんなに技術が進歩しても、ニーズのあるテーマの選択のようなマーケティングに関する対策や、更新頻度やオリジナリティに関するコンテンツの価値を高める対策の必要性は、ずっとなくならないでしょう。

第3章

Webサイトの土台!
常に成果を上げる戦略設計

Section 14 ▶ 更新管理の要! サイト作成方法を選択する
Section 15 ▶ 成果の上限を上げるサーバの選び方
Section 16 ▶ 人気のあるテーマを選定する
Section 17 ▶ 検索されて勝てるサイトへ! キーワードを選定する
Section 18 ▶ 非常に大切! キーワードの反映方法
Section 19 ▶ 常に成果を上げる成長段階に合わせたサイト設計
Section 20 ▶ 成果を高め安定させる更新頻度を保つサイト設計
Section 21 ▶ 漏れなく正確に伝える! クローラに伝わる設計
Section 22 ▶ クローラに認識されて伝わるコンテンツを制作する
Section 23 ▶ ライバルに差をつける付随構造を用意する
Section 24 ▶ ブログを利用して外部サービスから誘導する
Section 25 ▶ コンテンツを拡散させて効果を倍増させる

Section 14

Category / サービス選択 / テーマの決定 / サイト設計 / 外部サービスの利用

更新管理の要!サイト作成方法を選択する

Webサイト作成の第一歩は、作成方法の選択からです。適切な作成方法を選ばないと、更新管理作業が非常に大変になったり、必要な対策ができなくなったりしてしまうので、目的に合わせて適切な作成方法を選ぶようにしましょう。

Webサイトの作成方法

Webサイトを作成する方法には、大別すると自分でゼロからWebサイトを作成するか、すでにあるシステムを利用して作成するかの2つの方法があります。

■ 自分でゼロからWebサイトを作成する

自分でゼロから作成する場合は、自由度は高く何でもできますが、1つずつページを作成していくと、ページ数が多くなったときに管理に困ります。また、CMS（Contents Management System）と呼ばれる、ブログやSNSなどのように、専門的な知識がなくても簡単にコンテンツを制作でき、各ページの管理もできる

WordPress
URL http://ja.wordpress.org/

▲無料で利用できる「WordPress」は、世界でもっとも利用されているCMSです。

ソフトなどをベースにし、自分でゼロからWebサイトを作成していく方法もありますが、この場合は専門的な知識が必要になります。

■ Webサイト作成システムを利用する

ブログやSNSなどのサービスを利用すれば、専門的な知識がない方でも大規模サイトを簡単に作成できますが、さまざまな制約があり自由度が低い難点があります。

より自由に大規模なWebサイトを作成したい場合には、既に用意されているCMSのテンプレートを利用するのが良いでしょう。CMSによっては無料で利用できるテンプレートもあるので、それを選択することで、さまざまなデザインや機能を実装したWebサイトをブログやSNSより自由に作成できます。

作成方法を選択する際の注意点

■ 自分でゼロからWebサイトを作成する場合

　Webサイトが非常に小さい場合を除き、HTMLとCSSだけでページを個別に作成するのは、運営が大変になるのでやめましょう。適したCMSを選択し、自分でテンプレートを作成すれば自由にWebサイトを作成でき、効率的に更新管理できるようになりますが、この場合はHTMLやCSSのほかにも、PHPやPerl、JavaScriptといったプログラム言語の知識も必要になります。そのため、**CMSを選択する際には、まず対象のCMSが自分の持っている知識で利用できるかを確認しましょう**。また、CMSには、電子商取引や教育、SNSなどに特化したものもあるので、作りたいWebサイトに向いたCMSなのか確認する必要もあります。

■ Webサイト作成システムやCMSテンプレートを利用する場合

　サービスやテンプレート選びでは、必要な機能の有無と操作性がもっとも重要です。その上で、SEO対策とサイト運営の観点から以下の点にも注意しましょう。

　まずは、**HTML編集機能とページごとにmeta要素を設定する機能の有無をチェック**します。システムによって自動的に作成されたコードはなかなか最適なものにはならないので、重要なポイントはチェックし、修正するためにHTML編集機能は必要になります。また、meta要素のページの概略（description）は、検索結果に表示されクリック率に影響するので、ページごとに設定できるものを選びましょう。

　そしてもう1つチェックが必要なのは、SEO対策のための機能です。**アクセス解析ツールやサイト管理ツールなどのツールを利用するには、Webサイトの情報を取得するためのトラッキングコードや、所有権を確認するための認証コードをサイトに反映しなければならないので、各種コードを反映するための機能のチェックは欠かせません**。また、検索エンジンにサイト情報を伝えるためのXMLサイトマップ（Sec.30参照）の自動生成機能や、パンくずリストの表示機能がなければ、それぞれの作業を手作業でやらなければならず大変なので、できれば備わっているサービスを選択しましょう。

POINT　Webサイト作成システムやテンプレートを利用する

現在は便利なサービスやツールがたくさんあるので、自分で作成するとしても、目的に合ったサイト作成システムやCMSテンプレートを利用したほうが効率的です。

Section 15 成果の上限を上げるサーバの選び方

Category / サービス選択 / テーマの決定 / サイト設計 / 外部サービスの利用

Webサイトを公開するためのサーバを選ぶ際、価格だけで選ぼうとしていませんか？ サーバを選ぶ際には、しっかりとチェックしておかないと、目的のことがまったくできなくなることや、SEO対策の効果が下がってしまう場合があるので、注意が必要です。

Webサイトのサーバとは？

　Webサイトを公開して誰でも見られるようにするには、Web上に公開するためのスペースが必要です。このスペースのことをWebサーバと呼びます。

■ どのようなサーバを借りたら良いのか？

　Webサーバは自分で構築することもできますが、特に理由がなければ、専門業者のレンタルサービスを利用しましょう。中には無料のサーバもありますが、制約が多いので、有料のサーバを借りるのが良いでしょう。月額数百円で利用できる安いサービスは、1台のWebサーバを多くの人と一緒に借りる共有サーバと呼ばれる契約形態になり、一緒に利用している人の利用状況によっては、通信速度が遅くなったりメールの受信が拒否されたりするリスクもあります。しかし、このようなリスクはそこまで高くありませんし、問題があればサーバは移転できます。何より、1台丸ごと占有サーバとして借りるのは非常にコストがかかるため、まずは共有サーバでサイトをスタートさせましょう。

サーバを選択する際の注意点

　実際にレンタルサーバを選ぶ際は、何に気をつけたら良いのでしょうか？

■ 目的の能力の有無をチェックする

　Webページは1ページあたり平均1MBほどの容量を使います。それをもとに、作成するページ数と、メールの受信容量（メールサーバとしても利用する場合）をふまえてサーバの容量を決めます。また、CMSを利用する際は、データベースが必要になるとともに、CMSが正常に動作するための条件もあるので、必ずデータベースと動作環境

が揃っているか確認し、心配な場合はサーバの提供元に問い合わせましょう。

複数のWebサイトを1つのサーバで運営したい場合は、ドメインやデータベースを複数利用できるかや、作れるメールアドレスの数も確認が必要です。サーバによっては、ドメインごとにメールアドレスを設定できないものもあるので、注意しましょう。

■ **使える機能をチェックする**

サーバによっては、人気CMSのインストール機能が用意されているものや、バックアップサービスがあるものもあります。インストール機能が用意されていれば、設定をほとんどせずにCMSを利用開始できるので非常に助かりますし、バックアップサービスは安心につながります。**Webサイトを運営していく際に助かる機能がいろいろあるので、これらの機能も、サーバ選びの重要なポイント**になります。

■ **処理速度と転送量をチェックする**

最後にサーバの処理速度と転送量をチェックします。このチェックは、検索エンジンからの評価が下がらないようにし、利用者に満足を与え、高い成果を上げ続けるために必要なチェックとなります。

サーバの処理速度は、遅いとWebページの表示速度も遅くなり、利用者にストレスを与え、SEO対策においてはマイナス評価につながります。利用するサイトの表示速度に関連する処理速度は、利用するCMSなどによっても変わるので、利用するサーバを絞り込んだら、CMSに関する処理速度の比較記事を検索して性能を確かめましょう。

転送量とは、一般的にサーバにアップロードしたりダウンロードしたりしたデータの総量のことを指します。そして、多くのレンタルサーバでは一定期間における転送量の上限が決められているので、この制限にも注意が必要です。**転送量の制限が低いサーバを借りてしまうと、せっかく多くの人が来るようになっても、Webサイトが表示されなくなることが多発し、利用者を失望させてしまい、大きな機会損失につながってしまいます。**また、国内のサーバではそこまで問題にはなりませんが、海外サーバなどでは通信速度が遅くなったり不安定になったりすることもあるので、できれば無料体験期間などを利用して実際の通信状況も確認しておくと安心です。

価格だけではなく、能力や機能もしっかりチェック

サーバは、価格はもちろん必要な能力があるか、利用できる機能はどのようなものなのか、そして、処理速度と転送量は十分かを確認し決めましょう。

Section 16 人気のあるテーマを選定する

Category／サービス選択／テーマの決定／サイト設計／外部サービスの利用

人の求めるコンテンツを提供することが、Webサイトが成功するための大前提です。どんなオリジナリティと利便性が高いサイトを作り、検索エンジンに効率的に伝えても、誰も必要としていないものを提供しているのでは、人に利用してもらえません。

テーマ選定時のポイント

現在のSEO対策では、テキストベースで書かれたコンテンツの制作が、非常に重要になってきています。すでに扱うテーマを決めている方も、そのテーマを人が求めているか確認し、求められていない場合は成果を期待できないので選び直しを検討しましょう。

■ もっとも大切なのは「ニーズ」

コンテンツを制作していく際に重要になるのは、何をテーマにしてコンテンツを制作していくかということです。まずWebサイト全体のテーマを決め、次に全体のテーマに従って各コンテンツのテーマを決めていきます。このテーマを選定する際に重要になるのが、「ニーズ」です。どんなWebサイトでも、人が見たいと思う情報を提供しなければ、多くの人に見てもらうことはできません。人が欲する価値を提供できなければ、商品だろうがサービスだろうが、成功できないのと同じことです。

■ 長く成果を上げるための「将来性」

基本的に、作成したWebサイトは何年も運営していくものです。そのため、すぐにニーズが失われてしまうテーマを選んでしまうと、直後は良かったとしても、すぐに成果を上げられなくなってしまい非効率的です。長い間成果を上げ続けるテーマを選ぶことが、安定して高い成果を上げ続けるためには重要です。

▲キリギリスとアリの寓話のように、将来に渡って長く成果を上げられるWebサイトを制作しましょう。

ニーズのあるテーマの選定法

Webでのニーズは、キーワードの検索件数から推定できます。**多くの人が検索しているキーワードは、それだけ多くの人が関連する事象に興味や疑問を持っているということです**。検索件数の多い事象に対して、新しい情報や解決策を提供できれば、多くの人に見てもらえる可能性があるのです。Googleが提供する「キーワードプランナー」を利用してチェックしましょう。

❶ ブラウザから「Google アドワーズ」(http://adwords.google.com/)にアクセスし、画面右にあるログインフォームよりログインします。ただし、アカウントがない場合は、先に無料の登録が必要です。

❷ 画面上部にあるメニューから＜運用ツール＞→＜キーワードプランナー＞の順にクリックし、キーワードプランナーの画面を表示します。

❸ キーワードプランナーの画面が表示されたら「新しいキーワードを見つける」から＜フレーズ、ウェブサイト、カテゴリを使用して新しいキーワードを検索＞をクリックします。

❹ 表示される入力フォームの中の「宣伝する商品やサービス」に、作成予定のコンテンツの分野を表すキーワード(ここでは「不動産」)を入力し、<候補を取得>をクリックします。

❺ 候補が取得されたら<キーワード候補>タブを選択し、<ダウンロード>をクリックします。

❻ ダウンロード画面が表示されるので、<統計情報を月別に分割表示>と< Excel 用 CSV >をクリックして選択し、<ダウンロード>をクリックしてファイルをダウンロードします。

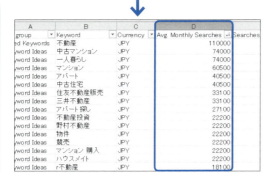

❼ ダウンロードした CSV ファイルを Excel で開き、D 列の「Avg.Monthly Searches」を降順に並べ替え、検索件数が多い順にキーワードを確認します。

ダウンロードされたキーワードの一覧を確認し、利用できそうなキーワードの候補がどれぐらいあるかチェックしましょう。**チェックするポイントは、実際に1つのサイトで扱うと考えた際に、利用できるキーワードがどれぐらいあるか、そしてその検索件数の合計がどれぐらいあるか、という2点です。**

利用できるキーワード数と検索件数の合計が十分あれば、そのキーワード群をくくる包括的なキーワードをテーマとします。その際、月間の検索件数の合計が、月に獲得したい購入や申し込み件数の50倍以上あるかどうかを1つの判断基準としましょう。

```
┌─ 不動産 ─┐    ┌─ マンション ─┐    ┌─ 中古住宅 ─┐
│ マンション │    │ 中古マンション │    │ 中古マンション │
│ アパート  │    │ 新築マンション │    │ 中古一戸建て │
│ 一戸建て  │    │          │    │          │
└────────┘    └──────────┘    └──────────┘
```

▲ Webサイトのテーマを決めるときにはキーワードの包含関係を考え、より上位のくくりの大きなキーワードを選ぶと、コンテンツ制作時の展開が楽になります。

テーマの関連キーワードを含む検索件数の比較

関連するキーワードも含めて検討し、テーマを絞り込むには、次のページで紹介するGoogleトレンドが便利です。Googleトレンドでは、グラフ上部に表示される検索キーワード右の＜＋キーワードを追加＞にキーワードを入力すると、複数のキーワードの検索件数の推移を比較できます。また、Googleトレンドは指定したキーワードと、関連するキーワードすべての検索件数を対象としているため、P.50の手順❼の月間検索件数では倍も差がない「不動産」と「中古マンション」というキーワードでも、関連ワードを含むと大きな差があることがわかります。

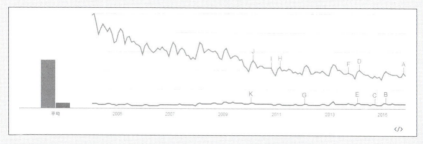

▲ 上のグラフが「不動産」、下のグラフが「中古マンション」の検索件数です。

テーマの将来性をチェックする

ニーズからテーマの候補を決めたら、次はテーマの将来性を確認します。キーワードプランナーの検索件数では将来のニーズはわからないため、Googleが提供する「Googleトレンド」を利用して、テーマの将来性を確認します。

❶ ブラウザから「Googleトレンド」（http://www.google.co.jp/trends/）にアクセスし、画面上部にある検索ボックスにテーマ候補のキーワードを入力し、Enterを押します。

❷ 対象キーワードの過去の検索件数の推移を示すグラフが表示されます。＜予測＞をクリックし、1年先の検索件数予測まで表示させます。

グラフは以下の4つのタイプに分かれます。この4つのタイプの中で、**選んだキーワードが「右肩下がり」で下がる率が大きいときは避けたほうが良いでしょう。また、急増タイプは急にニーズが減る可能性もあるので、扱いには注意が必要です。**

- 右肩上がり：将来性が高く、ニーズが増加する可能性があるテーマ
- 水平タイプ：安定しており、普遍的なニーズがあるテーマ
- 右肩下がり：将来性が低く、ニーズが減少する可能性があるテーマ
- 急増タイプ：急に注目されたか新しい分野のテーマで、将来性は未知数

 テーマは「ニーズ」と「将来性」で選ぶ

大きな成果を長い間上げ続けるためには、現時点でニーズがあることはもちろん、将来的にもニーズがあり続けるテーマを選ぶことが大切です。

Column

ランディングページを利用したキーワードの選定

　検索件数を利用したキーワードの選定方法は次のSec.17で解説しますが、ここでは、提供する商品やサービスとの相性から、キーワードを選定する方法を紹介します。

■ 広告の受け皿となるランディングページを作成する

　一般的に、Webサイトにおいて利用者が最初に訪れたページをランディングページといいますが、ここでは、広告を利用して誘導する先のページをランディングページと呼びます。このランディングページは、広告で集客をするので、SEO対策を一切考えず、提供する商品やサービスがもっとも魅力的に伝わるように作成します。

■ 検索連動型広告への出稿

　ランディングページを作成したら、GoogleやYahoo!などの検索エンジンが提供する、検索連動型広告と呼ばれる広告を利用して集客をします。検索連動型広告とは、キーワードを購入し、そのキーワードの検索結果画面に広告を表示してもらう形式の広告です。

　対策をしようか考えているキーワード候補で検索連動型広告を出稿し、各キーワードを検索した人を作成したランディングページへ集客します。そしてキーワードごとのアクション率と検索件数を確認すれば、対象のキーワードにおいてSEO対策を行った際の、期待できる成果が算出できます。この測定結果を基準にキーワードを選ぶのです。

▲検索連動型広告を使って効果的なキーワードを見極めましょう。

Section 17 検索されて勝てるサイトへ！キーワードを選定する

Category｜サービス選択｜テーマの決定｜サイト設計｜外部サービスの利用

テーマが選定できたら、次は各ページに反映するキーワードの選定です。検索件数が少ないキーワードで対策してしまうと、検索結果の上位に表示されても人は来ません。また、競う相手が強すぎれば、どんなに頑張ってもなかなか上位表示されません。

 キーワード選定時のポイント

　Webサイトのテーマが決まったら、そのテーマに関連した対策するキーワードのリストを作成します。このリストは、Webサイトの構造やサイトの成長のさせ方を決める際のもとになるので、この作業は非常に重要です。リスト化できるキーワードが少ない場合は、コンテンツ制作に困るとともに、サイト全体として大きな成果を上げることは難しいので、再度テーマを選び直す必要があります。

■ 関連キーワードの洗い出し

　まずはテーマ選定時に取得したキーワードプランナーのデータを利用しましょう。そしてそれでは足りない場合は、類語辞典や関連キーワード、一緒に検索されているキーワードを調べるためのツールを利用して、選定したテーマの中でまとまりをもってコンテンツを制作できそうなキーワードの候補をリスト化します。

■ アクションにつながるキーワードを作る

　キーワードを洗い出したら、次はアクションにつながるキーワードを作成します。すべてのキーワードがアクションに結びつく必要はありませんが、必ず一定数アクションに結びつくキーワードを用意することが大切です。

■ キーワードの競合チェック

　キーワード候補のリストができたら、最後にそれぞれのキーワードにおける競合するWebサイトやページをチェックします。強い競合が多いと検索結果の上位に表示されることは困難なため、希望の成果は期待できません。そのため、リストから外す必要があるのです。

関連キーワードの洗い出し

まずは、テーマ選定で取得したキーワードプランナーのデータを利用し、キーワードの洗い出しをしましょう。選ぶ際のポイントは、検索件数とテーマとの関連性です。検索件数が少なければ、対策が成功し上位表示を実現しても意味がありません。また、テーマとの関連性が薄ければ、1つのWebサイトとしてのまとまりがなくなり、SEO対策の効果が低下するとともに、利用者にとっても利用しにくいサイトとなってしまいます。キーワードプランナーのデータだけではキーワードが少ない場合は、類語辞典などを利用して、キーワードを追加します。ここでは、無料で使える類語辞典を利用する方法を紹介します。

❶ ブラウザから「Weblio類語辞典」(http://thesaurus.weblio.jp/)にアクセスし、画面左上の検索ボックスにキーワードを入力したら、＜項目を検索＞をクリックします。

❷ 入力したキーワードの意味ごとに類語の一覧が表示されます。複数の意味があるキーワードに関しては、意味ごとに類語が表示されるので、しっかりと目的に合った意味の類語を利用するように気をつけましょう。

アクションにつながるキーワードを作る

「SEO対策の効果で訪問者は増えたのに、まったく購入者数が増えず困っている」といった相談をされることがあります。これはアクションにつながらないキーワードを使って対策してしまっていることが原因です。**キーワードを選ぶ際は、検索件数だけでなく、アクションにつながるか否かも重要な基準になります。**

■ アクションにつながるキーワードとは?

アクションにつながるキーワードとは、「SEO対策 相場」や「デジカメ 激安」など購入したいという意思や、「デジカメ 修理」や「名刺 即日」などすぐ必要という緊急性などを含んでいるキーワードです。一方、アクションにつながらないキーワードは、「SEO対策とは」や「デジカメとは」のようにただ単に言葉の意味を調べているものや、「SEO対策」や「デジカメ」のように、1単語だけで何をしたいか判断できないキーワードです。

購入	緊急	意味	一単語
「SEO対策 相場」	「デジカメ 修理」	「SEO対策とは」	「SEO対策」
「デジカメ 激安」	「名刺 即日」	「デジカメとは」	「デジカメ」

▲何らかの「ニーズ」を含むキーワードが、アクションにつながります。

■ アクションにつながるキーワードの作り方

アクションにつながるキーワードは、キーワードを利用した人が何を目的としていたかが明確であり、購入や問い合わせにつながるニーズが含まれているキーワードです。また、**アクションにつながるキーワードは、1単語だけの単一キーワードに何かしら動機を表すキーワードをセットにした形になっている**ので、リストアップしたキーワードに動機を表すキーワードを付加したキーワードのリストを作成し、それらの中で検索件数の多いキーワードをリストに追加しましょう。すべてのキーワードがアクションにつながる必要はありませんが、アクションにつながるキーワードが多いほうが、目的の成果は上がりやすくなります。

キーワードの競合チェック

キーワード選定作業の最後は、リストアップしたキーワードの競合チェックです。競合チェックでは、MOZが提供するWebページの重要度を示す指標の1つ、MozRankを参考にします。まずはMozRankを確認できるように、MozBarをインストールしましょう。

ただし、MozBarはChromeかFirefoxでしか利用できないので、対象ブラウザをインストールしていない方は、まずダウンロードページ（Chrome：https://www.google.com/chrome/　Firefox：https://www.mozilla.org/ja/firefox/new/）から対象ブラウザをインストールしてください。ここでは、会員登録やログインをしないでも各種指標が確認できる、FirefoxのMozBarの利用方法を解説します。

❶ Firefox で MozBar（https://moz.com/tools/seo-toolbar）にアクセスし、＜ Download for Firefox ＞をクリックしてインストールします。

❷ インストール後、Firefox を再起動すると、ブラウザ上部に MozBar が表示されるので、⚙ → ＜ Moz Metrics ＞ → ＜ MozRank（mR）＞をクリックします。

❸ Firefox で対象のページを表示すると、MozBar の左上に、MozRank が 10 点満点の数値とバーで表示されるようになります。

MozBarが利用できるようになったらGoogleで対象キーワードを検索し、上位20サイト（2ページ分）について、MozRankを使って以下の数式で各項目をチェックします。**合計点が6点以上の場合は競合が強いため、キーワードをリストから削除します。**

利用する MozRank(R) ＝ r × (n+a)/2n
r：表示される MozRank　n：調べたキーワード数　a：タイトル内のキーワード数

・加点項目　＋2点×チェック数
☐ 上位1〜5位：MozRank3以上のサイトが3サイト以上
☐ 上位1〜10位：MozRank2以上のサイトが5サイト以上
☐ 上位1〜10位：個人ブログやQ&A系のサイトが3サイト以下
☐ 上位1〜20位：MozRank0もしくはないサイトが4サイト以下
☐ 上位1〜20位：大企業のサイトが10サイト以上
・減点項目　－1点×チェック数
☐ 上位1〜20位：MozRank1以下のサイトが10サイト以上
☐ 上位1〜20位：個人が作成しているブログが3サイト以上
☐ 上位1〜20位：Q&A系のサイトが3サイト以上
☐ 上位1〜20位：同一サイトの異なるページが複数表示されている

　ただし、このチェック方法は簡易的なものであり、より正確に競合サイトのチェックを行うためには、対象サイトの規模や対象ページのサイト内での重要度、内部対策の状況なども加味した方法で行う必要があります。

▲複数キーワードの競合を同時にチェックできるツール、ファンキーライバル（http://funmaker.jp/seo/funkeyrival/）。

　そのような要素も踏まえた評価を複数キーワード同時にチェックでき、作業を効率化してくれるのが「ファンキーライバル」です。たくさんのキーワードのチェックが必要なキーワードの選定作業では、全キーワードを手作業でチェックするのは大変なので、便利なツールを利用して効率化しましょう。

 アクションにつながり、競合に勝てるかチェック

キーワードを選定する際は、検索件数だけでなく、しっかりとアクションにつながり、競合に勝てるかもチェックする必要があります。

Column これから大事になる共起語

少し前から、キーワードの反映方法において注目されるようになってきている「文脈」と「共起語」について触れておきます。

■ 共起語とは?

共起語とは対象のキーワードと一緒に使われやすい言葉のことで、「カメラ」なら「ピント」「シャッター」「撮影」「写真」などが共起語となります。そして、あるコンテンツで「カメラ」というキーワードの対策を行う場合、「ピント」「シャッター」「撮影」「写真」などの共起語を適度に入れたほうが自然な内容と判断され、検索エンジンに高く評価されるといわれています。

■ 検索エンジンは文脈を理解できるのか?

検索エンジンの施策は、GoogleやYahoo!のあるアメリカからスタートするので、SEO業界はいつもアメリカの動向を気にしています。しかし、日本語はアメリカで使われる英語とはかなり異なる言語であるため、アメリカで実施された施策でも、日本に導入されるまでに時間がかかるものが多々あります（Sec.04参照）。

筆者独自の調査データから、この文脈や共起語もその時間がかかるものの1つであることがわかっており、完全に反映されるまでにはまだ時間が必要なようです。また、Googleが提供するSearch Consoleの「コンテンツ キーワード」のリスト（Sec.50参照）では、現在もキーワードの出現頻度を「重要度」の指標として並び順を決めていることから、Googleは今でもキーワードそのものの数を集計していることがわかります。共起語の重要性が上がるにつれて、重要性は下がっていくでしょうが、現在の日本で成果を上げるためには、キーワードそのものを厳密に反映したほうが効果的です。

▲ Googleで「一戸建て」と「一戸建」を検索した結果。送り仮名の有無だけで検索件数が約55倍も異なり、1番のサイトも変わっていることからも、まだ、日本語で共起語や文脈を処理できるレベルでないと推測されます。

Section 18 非常に大切！キーワードの反映方法

Category / サービス選択 / テーマの決定 / サイト設計 / 外部サービスの利用

サイトにはSEO対策の効果が高まりやすい箇所と高まりにくい箇所があるので、サイト構造をふまえてキーワードを割り振ることが大切です。実際のコンテンツ内へのキーワードの反映方法は、第5章のマークアップやSec.76を確認しましょう。

ビッグキーワードとスモールキーワード

キーワードは、検索数が多いビッグキーワードと、検索数があまり多くないスモールキーワードに大別できます。ビッグキーワードは検索件数が多いため、競合も多く対策の難易度が上がる傾向があります。また、多くの人が共通で利用しているキーワードのため、1単語だけの単一キーワードが多く、動機が含まれておらずアクションにつながりにくい傾向があります。一方スモールキーワードは、検索件数は少ないものの対策も楽で、複数のワードが組み合わさった複合キーワードが多く、アクションにつながる動機が含まれている傾向があります。

	検索件数	競合	難易度	単語の傾向	アクション
ビッグキーワード	多い	多い	高い	単一キーワード	△
スモールキーワード	少ない	少ない	低い	複合キーワード	○

■ どちらのキーワードを対策すべきか？

大規模サイトかつSEO対策にも大きな投資ができる場合以外は、対策が楽でアクションにもつながりやすいスモールキーワードを狙ったほうが成果が上がりやすくなります。スモールキーワードは、検索件数は少ないものの競合も少ないので、すぐに成果が出やすく、コツコツ対策を積み重ねていけば、すべてのキーワードを合わせるとかなりの集客が見込めるようになるからです。キーワード選定で作成したリストの中に、検索件数は多くても成果を上げにくそうなビッグキーワードがあったら、リストから除外しましょう。

Webサイトの4構造とSEO対策

Webサイトの構造は、主に「直線型（Linear）」「階層型（Hierarchy）」「ハブ＆スポーク型（Hub and Spoke）」「ファセット型（Facets）」の4つに大別されます。

■ 直線型（Linear）

もっとも単純なWebサイトの構造です。サイト訪問者を逃すことなく、購入や申し込みに誘導します。この最たるものが、スタートページがゴールになっている1ページ構成のサイトです。**サービスや情報が少なく、導入からアクションまでのストーリーが完成している場合に有効ですが、SEO対策がとりにくくなります**。また、スタートページに入ってきてもらうことを前提とした構造なので、必ずスタートページを見てもらうために、集客は広告に頼ることになります。

▲非常にシンプルな構造です。

■ 階層型（Hierarchy）

小規模から中規模までのWebサイトでもっとも一般的な構造です。複数のサービスや情報を扱うのに向き、また、ゴールへの導線を複数作れるため、訪問者がどのページから入ってきてもゴールに導けます。**小さな構造から始め、扱うサービスや情報の増加にともなって構造を追加できるので、徐々に成長させていけるというメリットがあります**。

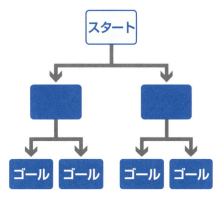
▲シンプルで非常に整理されている構造です。

ただし、無計画にコンテンツをつけ加えていくと、階層が深くなったり、導線が複雑になったりして、利用者がなかなかゴールに行き着けなくなってしまいます。作成を開始する前に最終的な構造をイメージし、階層は4階層以内にとどめ、どこからでもゴールまで3クリック以内でたどり着けるよう導線を設計しましょう。

■ ハブ&スポーク型（Hub and Spoke）

　Web（デジタル）特有の構造です。扱う情報にまとまりがなく、コンテンツ間には上下関係がありません。導線を計画的に設計できない場合に利用され、サイトが大きくなるにつれ網の目状の構造になっていきます。具体的には、日記的なコンテンツの中で、日々気になったサービスや情報を紹介していくブログなどで用います。計画的な対策はとりにくく、また利用者が何か目的を持って訪問しても、導線に規則性がないので、目的のコンテンツに行き着きにくい難点があります。

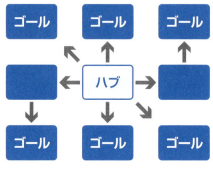
▲ハブを中心として、各コンテンツが結びついている構造です。

■ ファセット型（Facets）

　複数の検索条件で目的のコンテンツを絞り込む構造です。検索性に優れ、大量のサービスや情報を扱うことに向いていますが、扱うサービスや情報が決まった条件で、抜け漏れなくグループ分けができないと利用が難しくなります。例えば、不動産サイトのような、すべての商材がエリア、価格帯、間取り、築年数……などの条件で分類でき、

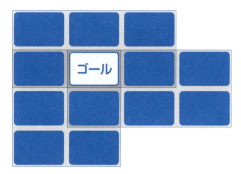
▲切り子（Facets）のような構造をイメージすると良いでしょう。

また紹介する物件が多いサイトに最適です。検索エンジン対策もとれるので、商材のジャンルが単一でかつ商材数が多い場合、非常に有効な構造となります。

　Webサイトの構造は、以上4つの型が基本になります。ただし、階層型のコーポレートサイトの一部にハブ&スポーク型のブログを用意したり、階層型で作成したECサイトでタグや検索機能を利用して、ファセット型のような検索性を持たせたりするなど、1つのサイトで複数の構造が混在することもあり、完全に分かれるわけではありません。

　どの構造にも長所があり短所がありますが、中小規模のサイトを計画的に作成する場合は、階層型を基本構造とし、必要に応じてそれぞれの型を織り交ぜるようにすると、管理がしやすく、また効果も出やすくなります。

構造の部位によるSEO対策の効果の違い

Webサイトでは、サイトの構造によりSEO対策の効果が高まりやすい箇所と、高まりにくい箇所があります。

■ 効果の高まりやすい箇所

階層型ではより上位の階層、ハブ＆スポーク型ではハブ、ファセット型では検索結果ページのほうが、内部リンクが集中しやすいため、SEO対策の効果が高まりやすい傾向があります（内部リンクについてはSec.21参照）。

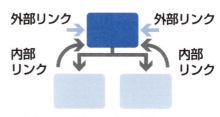
▲構造によって効果の高い箇所は異なります。

なぜなら、上位階層は、全ページ共通のヘッダーやサイドバーのナビゲーションからのリンク、パンくずリストによる下階層からのリンクなど、内部リンクが集まりやすいからです。また、特にトップページや多くのコンテンツを従えるページには外部リンクが集中しやすいので、自然と外部対策も実現される傾向があります。

ビッグキーワードとスモールキーワードを反映させるべき構造

競合が強く目的の曖昧なビッグキーワードは、SEO対策の効果が高まりやすい構造に反映します。上位階層やハブ、検索結果で表示されるページといった、多くのコンテンツをまとめて一覧できるページに反映すると良いでしょう。

一方、**競合に勝ちやすく目的の明確なスモールキーワードは、末端のSEO対策の効果が高まりにくい各コンテンツに、1ページにつき1キーワードずつ反映します。**

このように反映すると、目的の曖昧なビッグキーワードを利用している方には多くの選択肢を提供し、目的の明確なスモールワードを利用している方にはより詳細な各コンテンツを提供できるようになるので、利用者の満足度も高めることにつながります。

ビッグキーワードはまとめページに反映

対策が困難で目的の曖昧なビッグキーワードは、SEO対策の効果が高まりやすく多くの選択肢を提供する、多数のコンテンツがまとめられたページに反映しましょう。

Section 19 常に成果を上げる成長段階に合わせたサイト設計

Category｜サービス選択｜テーマの決定｜サイト設計｜外部サービスの利用

最初に潤沢な資金を用意し、一気にWebサイトを作成できることは稀です。多くの場合、最初にコアとなるコンテンツを作り、徐々に大きくしていくことになりますが、最終的な形が完成しなければ収益が上がらないのでは、サイトを維持することは困難です。

中小サイトの成功に必要なことは？

これまで資金のない個人や、中小企業のサイトを成功に導く方法論はあまり語られてきませんでした。大企業が研究をするのは資金があるからこそですし、研究する人間も大企業を相手にしたほうが儲かるから当たり前のことです。しかし、大企業のように最初に潤沢な資金を用意し、一気にサイトを作成できることは稀です。個人や中小企業が作成するサイトを成功させるために大事なことは何でしょうか？

■ 小さく始め、大きくしていく

最初に大きなWebサイトを作成しようとすると、非常に大きなコストがかかってしまうので、資金がない多くのサイトでは、最初にコアとなるコンテンツを作り、そのサイトを徐々に成長させていくことになります。その際に重要になるのが、最初のコアしかない状態でも、徐々に成長させていっているときでも、完成形になったときでも、常に目的の成果を上げられるようにすることです。完成形になるまでも常に成果が上がっていれば、維持コストを相殺できるので、コストをあまりかけられない中小サイトでも運営していけるようになります。

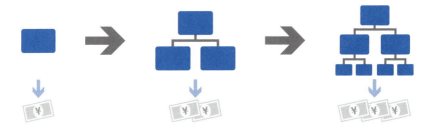

▲どの段階でも常に成果の上がるWebサイトを目指しましょう。

常に成果を上げるための3段階とは？

　Webサイトの作成途中でも成果が上がり、サイトの維持コストを賄えるようにするには、作成過程を以下の3つに分ける方法が有効です。

- 1段階目：「既存ターゲット」の集客
- 2段階目：「顕在ターゲット」の集客
- 3段階目：「潜在ターゲット」の集客

■「既存ターゲット」の集客
　最初の段階では、SNSや実際に会って利用を依頼した知人や、広告などを利用して1度来てもらった人など、**すでにつながりのある既存のターゲットが、2度目以降確実にサイトにたどり着けるようにします**。つまり、サイト名やサービス名で検索した際に作成したWebサイトが上位表示されるようにすることで、1度利用した方が再度訪問できるようにし、既存顧客やSEO対策以外の方法で集客した方を有効活用できるようにするのです。これが第1段階であり、この準備が整ってから公開します。

■「顕在ターゲット」の集客
　次はSEO対策で集客し、しっかりと成果を上げていく段階です。**まだWebサイトの規模が小さいので、より効率的に成果に結びつくターゲットに絞り、集客をしていきます**。例えばゴルフスクールを紹介するサイトであれば、「ゴルフスクール 選び方」「ゴルフスクール 新宿」「ゴルフ 練習」など、対象サービスの利用をイメージできるキーワードを利用している人を狙うことで、集客数は少なくても必ず成果が上がるようにします。

■「潜在ターゲット」の集客
　顕在ターゲットの次は、**すぐには成果には結びつかないものの、うまく誘導したり時間が経過したりすれば成果に結びつく可能性のある潜在的なターゲットを集客します**。先ほどのゴルフスクールのサイトなら、「ドライバー 選び方」「ゴルフ場 おすすめ」など、直接関係はないものの、ターゲットになり得る人を狙います。
　顕在ターゲットよりもアクション率は低くなりますが、対象となる人の数は多く、競合の少ないすき間をつくこともできます。

成長段階に合わせたキーワードのグルーピング

どのように成長段階に合わせてWebサイトを設計していけば良いか、具体的な方法を確認しましょう。

■ キーワードリストのグルーピング

これまでに作成してきたキーワードリストを眺め、キーワードを「顕在キーワード」と「潜在キーワード」に分けます。商品やサービスの紹介ページに誘導した際にそのまま購入や申し込みなどの成果につながるものは、「顕在キーワード」で

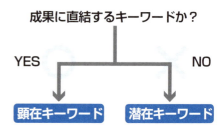

す。一方、何かその人を説得するコンテンツを挟まなければ成果に結びつかないなら、それは「潜在キーワード」です。

■ キーワードの振り分け

顕在キーワードと潜在キーワードを分けたら、構造に合わせてキーワードを振り分けます。この際には、まず「顕在キーワード」の中から柱になるコンテンツを選びます。第1段階の時点でも成果を上げるためには、訪問者をアクションに誘導するための最低限のコンテンツを作成する必要があるからです。そして、柱になるコンテンツを第1段階に、残りの顕在キーワードを第2段階に、最後に潜在キーワードを第3段階に割り振ります。

■ コンテンツ更新時の注意点

Webサイトの構造を設計する際の注意点として、基本的にコンテンツは上書きするのではなく、蓄積していける構造にしましょう。

例えばゴルフのルールのページを作成している場合、ルールが変更されるごとに最新ゴルフルールのページを上書きするとともに、変更前の内容を「2015年○月までのゴルフルール」として過去のルールのグループに追加すれば、サイトのページが増やせますし、過去のルールを確認したいニーズにも対応できるようになります。

もちろん、ほとんど内容が変わらないページを量産するとペナルティの対象になってしまいますが、できるだけページを増やせないか、作ったコンテンツを生かす方法はないかと考える習慣をつけるようにしましょう。

第1段階

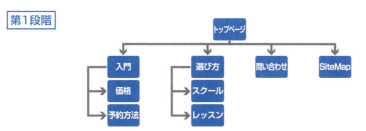

▲「顕在キーワード」の中から柱になるコンテンツを制作します。

第2段階

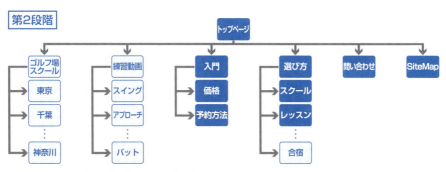

▲第2段階では、残りの「顕在キーワード」を含むコンテンツを制作して追加します。

第3段階

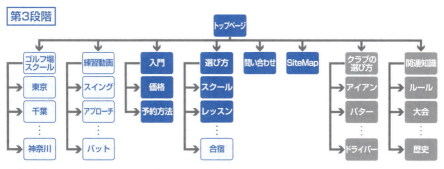

▲第3段階では、Webサイトの更新頻度を保ち、訪問者に再度サイトを訪問してもらえるよう、マメ知識的なコンテンツを追加するのも良い方法です（上図では「関連知識」が該当します）。

Webサイトは3段階に分けて設計する

常に成果を上げ続けられるよう、Webサイトは「既存ターゲット」「顕在ターゲット」「潜在ターゲット」に対応した3段階に分けて設計しましょう。

Section 20 成果を高め安定させる更新頻度を保つサイト設計

Category / サービス選択 / テーマの決定 / サイト設計 / 外部サービスの利用

実はSEO対策の効果を高めるためには、Webサイトの更新頻度も重要になります。Webサイトをしっかりと更新することは、SEOの効果だけでなく、常に新しい情報を提供することで利用者の再訪を促し、その頻度を上げる効果もあります。

Webサイトにおける更新頻度の重要性

■更新頻度がSEO対策に与える影響

2007年、GoogleのエンジニアAmit Singhal氏がNew York Timesのインタビューで、ニュースやブログなど情報の新鮮さが必要なコンテンツにおいて情報の鮮度を評価するQDF（Query Deserves Freshness）アルゴリズムがあることに触れています。そして2011年には、検索全体の約35％に影響を与える評価基準の変更として、情報鮮度への対応がアナウンスされました。扱う内容によってその重要度は変わりますが、Webサイトの更新頻度は、SEO対策においても重要な要素の1つです。

▲ 2011年11月4日にGoogleがアナウンスした、情報鮮度への対応の内容です（出典：http://googlejapan.blogspot.jp/2011/11/blog-post.html）。

■更新頻度が利用者に与える影響

1度訪問したWebサイトが気に入ったとしても、その後何度訪問しても内容に変化がなかったら、あなたならどうするでしょうか？　新しい情報が得られないので、再度訪問することを止めてしまうでしょうし、もしかしたら情報が古いのではないかと思い、そのサイトの情報自体を信じなくなってしまうかもしれません。Webサイトをしっかりと更新していくことは、リピーターやファン獲得のためにも重要です。

SEO対策と更新頻度

Webサイトの更新頻度は、実際にはどのようにSEO対策に影響を与えるのでしょうか。ここでは具体的に、更新頻度が検索エンジンの何に影響を与えるのかを解説します。

■ クローラの回って来る頻度が変化する

Webサイトの情報を収集する検索エンジンのクローラは、各ページの更新状況を確認するために、1度情報を収集したあとも、定期的に情報収集に回ってきます。この**クローラが回る頻度は、対象ページの更新頻度によって変化し、頻繁に更新されるページは頻繁に回り、まったく更新されないページはほとんど回りません。**

この更新頻度によって、ページの評価が変化するわけではありませんが、新しいサービスや商品の情報を上げたときに、その日のうちに検索結果に表示されるのか、1ヶ月後に表示されるのか、半年後に表示されるのかでは、成果は大きく変わってきます。提供する情報をできるだけ早く反映してもらうためにも、更新頻度は重要になります。

■ 情報の「鮮度」が評価指標になる

2011年の段階で、Googleは「巨人 阪神 試合結果」や「衆議院議員選挙」などの最新の出来事や注目のトピック、「箱根駅伝」や「クリスマスイルミネーション」などの定期的に発生するイベント、「大河ドラマ視聴率」や「車 市場規模」などの繰り返し更新されるものに関しては、特に情報鮮度を重視していると公表しています。

これは当たり前のことで、例えば「箱根駅伝」と検索して10年前の箱根駅伝の情報が出てきても、多くの人が困るでしょう。**情報は鮮度が重要なので、検索エンジンは早い段階から「鮮度」を評価指標の1つとし、検索結果に反映しています。**

■ 外部リンクの数に影響する

常に新しい情報を発信していれば、リピーターやファンも多くなり、再訪頻度も高まります。それと同時に、更新情報をまとめているページの価値も高まり、**リピーターやファンは個別のページだけでなく、まとめページも紹介してくれるようになり、結果的にまとめページに外部リンクが溜まっていきます。**これは、Sec.18で解説した評価が高まりやすい箇所の評価をより高めてくれるので、こちらの設計した対策がより促進されることになります。

鮮度が重要になる場合とならない場合

SEO対策には情報の鮮度が重要ですが、鮮度が重要にならない場合もあるのでしょうか。そして、鮮度が重要になる場合はどのように見分けたら良いのでしょうか。

■ 鮮度が重要になる場合とならない場合

情報の鮮度は、Webサイトで扱うテーマによって、重要になるか否かの傾向があります。例え同じ柔道をテーマにしたWebサイトでも、柔道の技を解説したコンテンツを提供しているのか、柔道の大会の試合結果を提供しているのかで、情報鮮度の重要度は変わります。技はある程度普遍的なもののため、何十年も前の情報でも、わかりやすく正しければ問題ありません。一方、試合結果の場合は、検索している人は最新の試合結果を探しているので、情報の鮮度が重要になります。このように、**鮮度が重要になるかどうかは、扱っている情報が普遍的なものか、時間によって変わるものかによって変わってきます。**

▲お刺身にするか魚拓にするかで魚の鮮度の重要度も変わります。情報も同じです。

■ 情報の鮮度が特に重要となる「トピック」

検索エンジンは、一定期間内で急激に検索されるようになったキーワードや、SNSやブログで頻繁に用いられるようになったキーワードに関するWebページなど、一定期間内に急激に外部リンクの数が増えたページを、特に鮮度が重要なページとして、一気に検索結果の上位に表示することがあります。

しかし、この効果は一時的であり、すぐに検索結果はもとの順位に戻ってしまうので、旬なトピックばかりを追い求めても、成果がなかなか安定せず、また、情報の更新に追われてサイトの運営が大変になってしまいます。基本的には、自身の扱っている内容は情報鮮度が重要になるか否かを考え、重要になる場合は、しっかりと情報が古くならないように情報を更新していくことが、SEO対策上も、利用者を満足させるためにも重要になります。

更新頻度を保つ方法

では、実際にWebサイトの更新頻度を保つためにはどうすれば良いのでしょうか。ここでは具体的な方法を紹介します。

■ 検索エンジンの評価の観点から

検索エンジンが情報鮮度を重視するのは、対象の情報の正しさや価値が、時間によって変化するからです。時間とともに新しく、より価値のある情報が出てくるという場合は、更新頻度を保つために何をすれば良いか困ることはありません。**利用者のことを考え、現時点で価値のある情報を出していくことがSEO対策にもつながります**。ただし、情報を更新する際は、Sec.19で解説した「コンテンツ更新時の注意点」の通り、コンテンツは上書きせずに、蓄積していくことに注意しましょう。

■ 利用者の満足度と外部リンクの観点から

更新する情報がほとんどなく情報鮮度も重要ではない場合、利用者にしっかりと運営していることを伝え、リピーターになってもらうために、どうやって更新頻度を保ったら良いか困ることがあります。

このようなことは、特にコーポレートサイトやショップサイトなどに多くありますが、そのような場合は、まず**ニュースリリースや営業情報、休業日などの情報を更新して更新頻度を保つのが良いでしょう**。商品サイトなら、お勧め商品情報などの記事を作成して更新頻度を上げる方法もあります。よく、社長や社員のブログを作成しているWebサイトを見かけますが、内容が対策したいテーマと異なる場合は、ファン作りやクローラ対策にはなったとしても、サイト自体のテーマをぶれさせ、狙っているキーワードでのSEO対策の効果を下げてしまう可能性もあるので注意が必要です。

また、外部リンクを集められるよう、Webサイトを更新していることをしっかり伝えましょう。そのためには、Webサイトのトップページに更新情報が表示されるようにするとともに、まとめて一覧できるページを作って、そちらに外部リンクを張ってもらえるようにしましょう。

 更新頻度はSEO対策と利用者のために重要

Webサイトを定期的に更新することは、SEO対策としても重要ですが、利用者をリピートさせ、定期的に利用してもらうためにも重要です。

Section 21

Category | サービス選択 | テーマの決定 | サイト設計 | 外部サービスの利用

漏れなく正確に伝える！クローラに伝わる設計

検索エンジンに早く正確に伝えるためには、Webサイトを検索エンジンが情報を収集しやすい設計にする必要があります。検索エンジンに認識されることが、検索エンジンからの評価の始まりになるのです。

クローラに早く正確に伝えるには？

クローラとは、検索エンジンがWebサイトの情報を収集するための自動巡回プログラムのことを指し、このクローラに情報をしっかり伝えることが、SEO対策の第一歩になります。どんなに良いコンテンツを制作しても、検索エンジンに認識されなければ、まったく評価されません。

■ **クローラがアクセスできる設計**

クローラは、Webページ間のリンクをたどってWebサイトを自動的に検出し、情報を収集していきます。そのため、**クローラにWebサイトの情報を抜け漏れなく認識してもらうためには、検索エンジンに認識してもらいたいすべてのページに対して、クローラが情報を収集していく際の道となるページ間のリンクを用意し、また、それをクローラがしっかりと見つけられるようにしておく必要があります。**

▲クローラはリンク先をリスト化したあとで順番に回っていくようです。「道」という表現は厳密ではありませんが、イメージとしてはそのように理解して構いません。

Webにおけるリンクとは？

クローラがWebページを把握するために利用しているリンクについて、簡単に確認しておきましょう。

■ リンクこそがWeb最大の特長

Webとは、インターネット上で提供される複数の文書を相互に関連づけ、結びつけるシステムのことを指します。この文書を相互に関連づける役割を担っているのがハイパーリンク（リンク）です。

▲ WebをWebたらしめているものこそ「リンク」です。

リンクは、外部のサイトから張られる「外部リンク」と、自分のサイト内で張られる「内部リンク」の2つに分かれ、それぞれSEO対策において重要な役割を担います。

■ 外部リンクの役割

SEO対策における外部リンクの主な役割は、「クローラの入り口」と「評価の受け渡し」です。前述のように、検索エンジンのクローラはページ間のリンクをたどってWebサイトを探すので、外部リンクがなければクローラはWebサイトを検出できません。また、Sec.03の「外部対策」でも触れましたが、外部リンクが多く張られているWebサイトやページは、検索エンジンに何かしら人気を集めていると判断され、評価が高まります。一方で、リンクを外部のWebサイトに張ると、評価を対象のサイトに渡してしまい、自身の評価を下げることにつながります。外部リンクはただただ評価を高められるものではなく、評価を下げる要因にもなることを知っておきましょう。

■ 内部リンクの役割

SEO対策における内部リンクの主な役割は、「クローラの巡回路」と「相対的重要度の指標」です。クローラは内部リンクを手がかりにWebサイト内のページを探し、情報を収集していくので、すべてのページに抜け漏れなくリンクを張り巡らしておかなければなりません。

また、Googleも正式にアナウンスしているように、ページへの内部リンクの数は、検索エンジンに対してそのページの相対的な重要度を伝える要素となっています。重要なページにはより多くの内部リンクが集まり、あまり重要でないページには内部リンクが集らないように、Webサイトを設計する必要があります。

効果を高める内部リンクの張り方

検索エンジンに抜け漏れなくページを巡回してもらうためには、すべてのページに最低1つはリンクを張る必要があります。また、SEO対策の効果を高めるためには、よりSEO対策を強めたいページほど多くの内部リンクを集めることが大切です。

■ 抜け漏れなく内部リンクを張る

抜け漏れなく内部リンクを張るためには、右図のようにトップページから順番に、1段階下のまとまりに対してリンクを張っていくようにしましょう。このようにすれば、内部リンクを張り忘れるページが発生しにくくなりますし、利用者としても、リンクをたどっていけば、より詳細な内容に行き着けるようになり、利用しやすい導線にもなります。

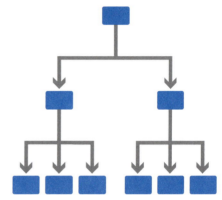

▲トップページからは1段下の2ページのみ、2階層目からは自分の下の3ページのみにリンクを張ります。

■ 検索エンジンに重要度を伝える

Sec.18で解説した方法でキーワードを反映すると、より検索数が多く対策が大変なキーワードは、よりトップページに近い上層のまとまりに反映されることになります。それに対応するために、より下層のページからは、自分に張られているリンクをトップページまでたどり、その間にあるすべてのページにリンクを張るようにします。こうすると、トップページに近い、より重要なまとまりほど多くのリンクが集まるようになり、より重要なページと判断してもらえるようにもなります。

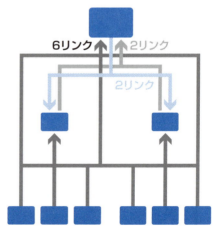

▲トップページは2つのリンクを出し、8つのリンクを集めているので、差し引き6つリンクを多く集めていることになります。

最適な内部リンクを実現する方法

実際に最適なリンク構成を実現するためにはどうしたら良いのでしょうか。もっとも単純で基本的な方法は、パンくずリストを利用する方法です。

■ パンくずリストとは?

パンくずリストとは、利用者が見ているWebページがサイトのどこにあるかわかるように、上位の階層となるページを階層順にリストアップして順番に表示したリンクのことを指します。パンくずリストはページ数が多いWebサイトにおいて、利用者が今サイトのどこにいるのかわかるように設置するものですが、トップページから対象ページまでの経路となるすべてのページにリンクが張られるので、結果として、検索エンジンに重要度を伝えるためのリンク構成が実現されます。

▲Amazonのパンくずリスト。Web構築管理のページが「本」のどこに位置するかがリストで表示され、それぞれにリンクが張られています。

■ パンくずリスト以外のリンク対策

上位の階層のページでは、1つ下の階層にあるページの一覧や解説を作成し、1つ下の階層に従える全ページへのリンクを作成します。このリンクとパンくずリストによって、クローラが抜け漏れなくサイトを巡回できるようになります。

また、全ページ共通のメニューやサイドバーに主要ページへのリンクを追加することは、利用者が主要ページに行き着きやすくなるだけでなく、リンクを主要ページに集める効果もあります。ページ上部に表示するサイトのロゴやフッターにトップページへのリンクを張れば、トップページへリンクを集められます。

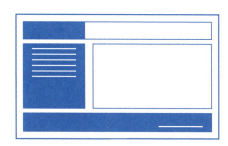
▲ロゴやサイドバー、フッターも内部SEO対策の重要な要素です。

POINT　すべてのページに、抜け漏れなくリンクを用意する

検索エンジンのクローラはリンクをたどってWebサイトやページを見つけるので、すべてのページに必ず1つはリンクが張られるようにしましょう。

Section 22　Category｜サービス選択｜テーマの決定｜サイト設計｜外部サービスの利用

クローラに認識されて伝わるコンテンツを制作する

クローラがすべてのページを漏れなく巡回できるようにし、反映するキーワードの難易度に合わせた内部リンクの張り方で検索エンジンに各ページの重要度を伝えられるようになったら、最後にしっかりと検索エンジンが認識できるコンテンツを作りましょう。

 ## 検索エンジンが認識できるコンテンツ

　適切な内部リンクを用意することで、検索エンジンに抜け漏れなくすべてのページを認識してもらえるようになり、それぞれのページの重要度も伝えられるようになっても、検索エンジンが対象ページの内容を認識できなければ意味がありません。**検索エンジンは、Webで利用される全てのものを認識できるわけではないので、正当に評価してもらうためには、しっかりと検索エンジンが認識できる要素でコンテンツを制作する必要があります。**

■ 基本はテキストで作る

　Googleが提供するSearch Consoleヘルプに「一般的に検索エンジンはテキストをベースに処理します。そのため、コンテンツがクロールされ、インデックスに登録されるようにするには、テキスト形式で作成する必要があります。」（https://support.google.com/webmasters/answer/72746）と明記されている通り、**検索エンジンにコンテンツの内容をしっかりと伝えるためには、基本的にHTMLで記述したテキストを中心としてコンテンツを制作する必要があります。**

■ 画像や動画の扱いに注意する

　現在Googleは、ほとんどの形式のページやファイルをインデックスに登録できるとアナウンスしています。しかし、同時に「テキスト以外のあらゆるファイルについて、同じ内容のテキストを提供する必要がある」ともアナウンスしているので、**テキスト以外の要素のコンテンツを利用する場合は、検索エンジンがアクセスできるように、コンテンツをテキスト形式に置き換えたものも提供しましょう。**Googleも動画ファイルはクロールできませんし、Google以外の検索エンジンのためにも扱いには注意が必要です。

■ ナビゲーションやリンクの作成方法に注意する

リンクを作成する際にも注意が必要です。リンクは、HTMLで記述する方法だけでなく、JavaScriptやAjax、Flashなどを利用して動的に作成することもできますが、検索エンジンが正確に把握できない可能性があります。つまり、せっかくリンクを作っても、作成の仕方によっては見つけてもらえなかったり、正確に理解してもらえなかったりする可能性があるのです。**クローラに正確に伝える観点から、リンクを作成する際には、必ずHTMLで作成するようにしましょう。**

■ 検索エンジンに伝わる=利用者に伝わる

Webではさまざまな技術が日々開発され、簡単に利用できるようになってきていますが、利用者の環境がそれらの技術に対応していないことがあります。例えば、スクリーンリーダーを必要とする視覚障害者や、旧式のブラウザや非標準ブラウザを使用する利用者などは、最新技術で作成されたWebサイトを見られないことがあります。**HTMLで記述したテキストベースのページを作成することは、Googleに伝わりやすくなるだけでなく、より多くの利用者にも伝わることになるのです。** 検索エンジンが認識できない要素を利用していないかの確認には、Googleが提供するSearch Consoleの「HTMLの改善」(Sec.53参照) が便利です。

Google インデックスに登録できるファイル形式

Google インデックスには、ほとんどの形式のページやファイルのコンテンツを登録できます。登録できる一般的なファイル形式は次のとおりです:

- Adobe Flash(.swf)
- Adobe Portable Document Format(.pdf)
- Adobe PostScript(.ps)
- Autodesk Design Web Format(.dwf)
- Google Earth(.kml、.kmz)
- GPS eXchange Format(.gpx)
- Hancom Hanword(.hwp)

▲ Google が認識できるファイル形式のリストが公表されています (https://support.google.com/webmasters/answer/35287)。

POINT クローラが巡回でき、認識できるようにする

SEO対策の第一歩は検索エンジンに正確に認識してもらうことです。そのためには、クローラがしっかりと巡回でき、認識できるサイトを作成することが大切です。

Section 23 ライバルに差をつける付随構造を用意する

Category｜サービス選択｜テーマの決定｜サイト設計｜外部サービスの利用

SEO対策のためにもリピーターを作るためにも必要な、更新頻度を保つためのコンテンツを作成するときのコツは何でしょうか。また、お付き合いで張らなければならない外部サイトへのリンクの張り方にも、何か工夫の余地はあるのでしょうか。

新規ページの追加と既存ページの修正

　Webサイトの更新には、新たにページを追加する方法と、すでにある記事を最新の情報に修正する方法があります。

　新規ページの追加は、ページが追加されることで総ページ数が多くなり、より多くのキーワードに対応できるようになります。また、上の階層へ送られるリンクの数が増えるので、検索エンジンに相対的な重要度を明確に伝えられるようになります。一方、既存ページの修正は、情報鮮度の大事な分野において表示順位の維持に貢献し、また、利用者にしっかりと運営されているサイトであることを伝え、リピーターやファンを増やすのに貢献します。

■ 新規ページ追加時のポイント

新規ページを追加する際の注意点は、以下の2点です。

- 強化したい分野のコンテンツを優先する
- 追加情報を上階層のページにも反映する

　内部リンクの集中は、ページの相対的な重要度を伝えますが、まったく関係のない内容のページからのリンクはあまり評価されない傾向があります。そのため、パンくずリストを利用した下階層からのリンクを返す方法では、**より成果に直結する分野のコンテンツを優先して作成していくこと**が、より重要な分野の上位階層のページの相対的重要度を効率的に上げることにつながり、**より早い成果に結びつきます**。

また、リピーターやファンは、トップページや気に入っている分野のまとめページに訪問することが多いので、**上位階層ページに「新着記事一覧」や「おすすめ記事」を用意して、下の階層にページが追加されたことを明示することも大切です**。ページの一部の変更だけでは、検索エンジンに「ページが更新された」と評価してもらえる可能性は低いですが、リンク先が追加されていることで、しっかり管理されているサイトと評価され、クローラの訪問頻度が高まる効果が期待できます。

■ 既存ページ修正時のポイント

　既存ページを修正する際は、下記の2点に注意が必要です。

- 情報を変えたことがわかるようにする
- 大きく変える場合は、新規記事の追加とセットで行う

　特に情報を伝えるコンテンツにおいて、**情報や結論が大きく変わる場合は、変更した部分を明記するか、新しい記事として追加し、過去記事との違いを比較できるようにしましょう**。価値のあるコンテンツは、利用者が何度も見ることが多いので、その度に情報が変わっていると、利用者を混乱させてしまいます。利用者を混乱させないためにも、しっかりと変更点を明示しておくことが大切です。

　また、Sec.19でも触れましたが、**大きく修正する場合は、以前の内容を履歴として残し、新しい記事を作成しましょう**。こうすることで、過去の内容を確認したい利用者のニーズを満たせるとともに、ページも増え、SEO対策としても効果が期待できます。その際は、メインとなる記事は修正して更新し、履歴にする記事には新しいURLを割り振って新規ページとして追加することに注意しましょう。

■ 作成しやすいコンテンツを用意する

　営業や休業などの情報、お勧め商品や新着情報だけでは更新頻度が保てない場合は、関連する用語の辞書や事例紹介などを作成するのも良い方法です。用語集は情報鮮度があまり重要にならないので、修正作業がほとんど必要なく、わかりやすければ参照元として外部リンクも集まりやすい傾向があり、Webサイトの評価を高めるとともに、順位を安定させてくれる可能性があります。また、事例紹介は独自のものを提供できれば、オリジナリティが高く評価される可能性があります。

表記ブレへの対応

　会社名やサービス名が英語や造語の場合、正確に覚えてもらえず、利用者が間違ったキーワードで検索してしまうことがあります。そのような誤入力にも対応するために、表記ブレ対策をしておくことも大切です。

■ 表記ブレページの作成

　表記ブレへの対応は、誤表記される可能性のあるワードのリストの作成から始めます。そして、すでにある程度認知度のあるサービスの場合は、1度検索エンジンでリストのキーワードを検索してみましょう。検索エンジンが誤入力と判断し、検索結果を補正してくれているなら対策は不要です。**もし補正されないキーワードがあったら、そのワードをタイトルにし、コンテンツには「もしかして○○ではありませんか？」と正しい表記を明記した上で、会社やサービスの簡単な紹介を掲載しておけば、間違えてキーワードを入力してしまった利用者にも対応できるようになります。**

「お付き合い」リンクによる評価の低下を避ける

　Webサイトを見ていると、全ページ共通のサイドバーやフッターに外部のWebサイトへのリンクが張られていることがあります。外部リンクが「評価の受け渡し」の役割をすることを考えれば、これはサイトの全ページから外部リンクの評価を放出していることになります。

リンク集
・取引先へのリンク
・関連サービスへのリンク
・相互リンク

　このようなことを避けるために、**お付き合いで張らなければならないWebサイトへのリンクは、リンクページとして1ページにまとめるようにしましょう。**基本的にWebページの評価は個別に行われるので、参照サイトや広告などでまとめられるものがあれば、リンクページにまとめてしまうと、無駄に評価を下げる要素を排除できます。

細部にわたる工夫が大きな差につながる

こまめな更新や表記ブレへの対応、「お付き合い」リンクの張り方の違いなどが積み重なり、大きな効果の差につながっていきます。

Column

目的に誘導するための導線設計

　SEO対策は、検索エンジンに最適化し集客することを目的とするので、方法論の話はどうやって利用者を呼ぶかという「集客」に終始しがちですが、成果を上げるためには、利用者が来たあと、どうやって目的のページに誘導するかということも重要になります。

■ 一目で読みたくする表示を心がける

　Webページの訪問者は、ページが開いた瞬間に表示される要素（ファーストビュー）を見て、3秒以内に利用するか否かを判断します。これを「3秒ルール」と呼びますが、このファーストビューの中に、「得する」ことや、読みたくなる「疑問点」などを明示し、まずは訪問者が利用してくれるようにしましょう。

■ リンクやボタンの配置に気をつける

　ページを利用してくれたとしても、こちらの目的である商品の購入や申し込みまで進んでくれなければ意味がありません。成果対象へ導くリンクやボタンは目立つ所に配置し、必ず利用者が気がつくようにしましょう。その際は、目立つ色を利用したり大きさを工夫したりするのはもちろん、表示する場所も、必ず利用者が見るであろうところを選ぶようにします。

■ SEO対策をふまえた表示にする

　Googleにはページレイアウトアルゴリズムによって、Webページの表示も評価対象としています。これは、ファーストビューのレイアウトがわかりにくくメインの内容がどこにあるのか見つけにくいページや、最初に広告ばかりが表示され利用者の目的が阻害されるページなどの評価を下げるものです。

　この評価指標の影響力はそこまで大きくありませんが、ファーストビューやレイアウトが利用者の利便性に影響があり、Googleも重視していることを示す1つの証拠となります。わかりやすいレイアウトや導線の設計をすることは、利用者の利便性を上げるとともに、SEO対策においても評価を上げることにつながるのです。

Section 24 ブログを利用して外部サービスから誘導する

Category / サービス選択 / テーマの決定 / サイト設計 / 外部サービスの利用

Webサイト自体を作り込むことでSEO対策を強化できますが、外部のサービスを上手に利用することで、より高い成果を期待できます。SEO対策を行った上でより高い効果を上げたい方のために、まずはブログサービスの利用方法を紹介します。

ブログを利用した集客方法

ブログとは個人的な体験や日記などを、時系列で記録するWebサイトのことです。HTMLなどの専門知識がなくても簡単に作成できるため、日本では2000年代前半から普及しだし、2005年ごろから急速に広まってきました。

■これまでのSEO対策における利用法

ブログは無料で簡単に開設できることもあり、SEO対策の分野では、頻繁に外部リンクの調達元として利用されてきました。大量にブログを作成して、そこから対象のサイトに外部リンクを張ることで、外部対策を強化していたのです。実際にこの方法は成果を上げ、非常に多くのサイトが実践してきましたが、**外部リンクの評価が下がり、このような行為に厳しいペナルティが課されるようになった現在では、あまりお勧めできる対策とはいえません。**

■SEO対策におけるこれからの利用法

ブログを上手に利用すれば、SEO対策の効果が発揮されないWebサイトの作成初期段階から、ブログの利用者をWebサイトに誘導することができます。外部リンクの調達元としてではなく、Webサイトの利用者を誘導する場所として利用するのです。また、**ブログ利用者や読者は非常に多く、新着ブログ一覧や人気ブログランキングなどを利用して情報を収集している人も多いため、SEO対策だけでは対策しにくいこれらの人にアクセスするために、ブログは有効な手段となります。**

▲ブログは検索エンジンをあまり利用しない層への露出の場として利用します。

ブログで集客する際のポイント

具体的にはどのようにブログを利用したら、高い成果につながるのでしょうか。ここではそのポイントを確認しておきましょう。

■ 興味をひく内容でメインサイトへ誘導する

メインのWebサイトにブログ利用者を誘導するために作成するので、**ブログ利用者が興味を持ちそうな内容のコンテンツを制作し、その結論や関連内容の紹介先としてメインサイトへのリンクを用意しましょう**。その際には、メインサイトの運営に関わっていることを明かす必要があります。Webでは身分を偽って商品を紹介したり褒めたりする人が多いため、このような行為には非常に敏感です。あらぬ批判を避けるためには、しっかりと身分を明かすことが大切です。

■ 良いコンテンツで外部リンクを獲得する

どんなに良いコンテンツだと思っても、Webサイトを所有していなければリンクを張る手段がありません。その点、**ブログ利用者の多くは、リンクを張るためのブログを所有しているため、自然な外部リンクを集めるのに効率の良いターゲットとなります**。良いコンテンツをメインサイトで提供すれば、ブログから誘導された読者が自分のブログで紹介してくれ、結果として自然な外部リンクが溜まっていきます。

▲多くの人が利用するブログから、Webサイトの利用者を誘導しましょう。

検索エンジンとは異なるブログのランキングを利用

検索エンジンの検索結果とは異なる、ブログサービスごとのランキングを上手に利用すれば、SEO対策の効果が発揮されていないときでも集客が可能になります。

Section 25 コンテンツを拡散させて効果を倍増させる

Category / サービス選択 / テーマの決定 / サイト設計 / **外部サービスの利用**

TwitterやFacebookなどのSNSは爆発的に情報を拡散させ、短期的な効果ではありますが非常に大きな集客力を持っています。Webサイトを成功させるために、SEO対策のマイナスにならない範囲で、SNSの共有を狙うことはできるでしょうか？

最近のSNSにおける傾向

現在人気のFacebookやTwitterでは、会社の人や取引先、そしてその先の人とつながる人が多くなり、SNSのつながりはかなり公的でオープンなものになっています。このつながっている人の変化は、共有される情報にも影響を与え、変化させています。

■ SNSで共有されやすいコンテンツとは？

つながりがオープンになった現在では、より一般受けする情報が共有されやすくなっています。特に、多くの人に「知識がある」「センスがある」と思われる情報が共有されやすい傾向があります。それに対応するには、「ニュース性」や「雑学的要素」があるコンテンツを制作し、共有時にタイムラインで表示されるタイトルに、「ニュース性」や「雑学的要素」を反映することが大切です。

■ SNSで拡散されることによるSEO対策の効果

一時期GoogleもSNSからのリンクや「いいね！」の数を評価対象にしようとしていましたが、個々の利用者のプライバシー設定や運営母体の設定によりクローラが巡回できなくなってしまうため、現在は評価対象にしていません。しかし、SNSを介して拡散されたその先（ブログやブックマークなど）から張られるリンクは評価の対象になるので、SNSによって拡散されることも、最終的にはSEO対策につながります。

POINT　SNSによる拡散も、SEO対策につながる

SNSにおける紹介や評価はSEO対策に影響しませんが、拡散されることで、他メディアから外部リンクが集まりやすくなり、結果、SEO対策の効果が高まります。

第4章

効果を高める！
早く正しく伝える技術

- **Section 26** ▶ 早く正確に伝えるための必須サービスに登録する
- **Section 27** ▶ クローラを呼び込むサイトへの導線を用意する
- **Section 28** ▶ SEO効果もあり!? サイトドメインを決定する
- **Section 29** ▶ 正しく伝えて評価を上げる! URLの決定と設定法
- **Section 30** ▶ 早く正しく伝えるためにXMLサイトマップを作成する
- **Section 31** ▶ Google以外にも対応! robots.txtを利用する
- **Section 32** ▶ 今の効果は？ Ping送信とソーシャルブックマーク
- **Section 33** ▶ SEO対策だけじゃない！ 非常に大切なスマホ対応法

Section 26 早く正確に伝えるための必須サービスに登録する

Category | 各種登録 | ドメイン・URL | クローラ | スマホ対応

世界には数えきれないほどのWebページがあり、日々ものすごいスピードで増え続けているため、作成したWebサイトやページが検索エンジンに見つけられるまでにはどうしても時間がかかってしまいます。この時間を短くする方法は、何かないのでしょうか？

Webサイトの運営開始を知らせる

一部の検索エンジンは、Webサイトの管理者とのコミュニケーションツールを提供し、Webサイトの運用開始や更新情報を収集するとともに、評価を公表し管理者に確認させることで、正しいWebサイト作りのサポートと、評価の調整を行っています。

このコミュニケーションツールの代表が、Googleが提供している「Search Console」とBingが提供している「Bing Webマスターツール」です。**これらのツールへの登録が、検索エンジンとの付き合いの第一歩であり、検索エンジンにWebサイトの運営開始を伝えることにつながります。**

Search Consoleの登録方法

Googleの「Search Console」への登録には、Googleのアカウントが必要です。アカウントがない場合は「https://accounts.google.com/SignUp」でアカウントを作成してから、以下の作業を行いましょう。

❶ ブラウザから Search Console のログイン画面（https://www.google.com/webmasters/tools/?hl=ja）にアクセスし、Google のアカウント情報を入力してログインします。

❷「Search Console へようこそ」画面が表示されたら、画面下に表示されるテキストボックスに登録したいWebサイトのURLを入力し、<プロパティを追加>をクリックします。その際、URLは「http://」部分からすべて入力します。

❸ 所有権の確認画面が表示されるので、<別の方法>をクリックして選択し、表示される選択肢の中から<HTML ファイルをアップロード>をクリックします。

❹ <この HTML 確認ファイル>をクリックしてファイルをダウンロードしたら、所有権を確認したいWebサイトのルートディレクトリ（トップページのHTMLファイルが入っているディレクトリ）にアップロードし（方法は Sec.73 参照）、下部に表示されている<確認>をクリックすれば作業は終了です。

1つのアカウントで複数のWebサイトを管理できる

Search ConsoleやBing Webマスターツールでは、1つのアカウントで複数のWebサイトを管理できます。Search Consoleではホーム画面右上の<プロパティを追加>、Bing Webマスターツールではダッシュボード左に表示されるメニューの一覧で<サイトの追加>をクリックすると、新たなWebサイトを追加できます。

Bing Webマスターツールの登録方法

「Bing Webマスターツール」への登録には、Microsoftアカウントが必要です。アカウントがない場合は「https://signup.live.com/signup」でアカウントを作成してから、以下の作業を行いましょう。

❶ ブラウザから「http://www.bing.com/toolbox/webmaster」にアクセスし、Microsoftアカウントを入力して、＜ログイン＞をクリックします。

❷「自分のサイト」画面上部の「サイトの追加」に登録するWebサイトのURLを入力して、＜追加＞をクリックします。その際、URLは「http://」部分からすべて入力します。

❸ Webサイト情報の入力画面が表示されるので、必要事項を入力して、＜保存＞をクリックします。

❹ ＜WebサーバにXMLファイルを配置します＞をクリックして選択し、P.87手順❹と同様の手順で確認作業をすれば、登録完了です。

URLを指定してクロールを催促する

運営開始直後で、なかなかクローラが回って来ず、インデックス化までに時間がかかる場合は、Search ConsoleやBing WebマスターツールからURLを指定して、クローラの巡回を催促しましょう。ここではSearch Consoleで行う方法を解説します。

❶ Search Console にログインし、メニューから＜クロール＞→＜ Fetch as Google ＞をクリックします。

❷ 表示されるテキストボックスに送信したい URL を入力し、横のプルダウンから巡回してほしいクローラの種類を選択し、＜取得＞をクリックします。

❸ ＜インデックスに送信＞をクリックします。「送信方法の選択」画面が開くので送信方法をクリックして選択し、＜送信＞をクリックします。URL の一覧に「インデックスに送信された URL」と表示されれば申請は完了です。

Bing Webマスターツールでは、「URLの送信」画面から同様の申請ができます。メニューから＜自分のサイトの設定＞→＜URLの送信＞の順にクリックすれば、表示されます。

必須ツール登録は検索エンジンとの付き合いの第一歩

Search ConsoleやBing Webマスターツールへ登録することで、検索エンジンに正確に情報を伝えられるようになります。

Section 27 クローラを呼び込むサイトへの導線を用意する

Category / 各種登録 / ドメイン・URL / クローラ / スマホ対応

検索エンジンにWebサイトの情報をより早く、より頻繁に収集してもらうためには、クローラの入り口となる外部リンクが大切になります。特に評価が高まっていない初期段階では、ある程度の大きさのWebサイトからリンクをもらう必要があります。

「初速」を上げる外部リンク

SEO対策における外部リンクには、「クローラの入り口」と「評価の受け渡し」の役割があります（Sec.21参照）。検索エンジンのクローラはWebページに張られたリンクをたどってWebサイトを探すので、ほかのWebサイトにいるクローラを誘導するためには、外部リンクが必要となります。

■ 運営初期に大切な外部リンク

運営初期の評価が低いときは、検索エンジンのクローラがなかなか回って来ず、更新情報が検索結果に反映されるまでに時間がかかってしまう場合があります。**更新情報をより早く検索結果に反映し、より早く成果を上げるためには、ある程度大きく、また頻繁に更新されているWebサイトからの外部リンクが大切になります**。クローラは大きく頻繁に更新されているWebサイトを優先的に巡回するので、そこからクローラが回ってくるための道を作れば、頻繁にクローラを呼び込めるのです。外部リンクは「評価の受け渡し」の役割が注目されがちですが、特に運営初期においては、クローラの入り口としての役割が重要になります。

サイトが Google に登録されていない場合

Google では何十億ものページをクロールしていますが、サイトによってはクロールされない場合もあります。Google のスパイダーによってサイトがクロールされない場合、よくある原因は次のとおりです。

- サイトがウェブ上の他のサイトから十分にリンクされていない。
- 新しく立ち上げたばかりのサイトで、Google がまだクロールできていない。
- サイトのデザイン上の問題により、Google がコンテンツを効果的にクロールできない。

▲ Webサイトがインデックスされない場合の原因の1つとして、Googleも外部リンクを挙げています（https://support.google.com/webmasters/answer/34397?hl=ja&ref_topic=3309469）。

効率的に外部リンクを集める方法

運営初期には外部リンクが大切だとしても、検索エンジンは人為的に外部リンクを集める行為を禁止しています。特にSEO業者から購入する行為は重いペナルティの対象とされている中で、どうすれば効果のある外部リンクを効率的に集められるのでしょうか。

■ プレスリリースを利用する

まず挙げられるのが、プレスリリースの利用です。Googleはニュースサイトを優先的にクロールしているため、**プレスリリースを出し、ニュース記事として掲載してもらえれば、記事中のリンクが外部リンクとなりクローラをより早く呼び込めます**。Webにはさまざまなプレスリリース配信会社があり、多くのメディアに安価でリリースを配信できるので、ニュース性の高いネタがあれば、1回で多くの外部リンクを獲得できる可能性もあります。

■ ほかのWebサイトへ寄稿する

ニュースサイトに掲載できるネタがない場合は、寄稿も有効な手段です。**自身のWebサイトと同じテーマのWebサイトに寄稿してリンクを張れば、評価の受け渡しの観点からも高い効果が期待できます**。知り合いや付き合いのある会社だけでなく、関連テーマを扱うWebサイトに記事を送ってみるなど、さまざまな方法に挑戦してみましょう。

記事を掲載してくれるサイトがどうしても見つからない場合は、まとめサイトやブログで紹介記事を制作するのも1つの方法です。しかし、「ステマ」と見なされると信用を失うので、記事を制作する際は立場を明確にし、公正な内容にするよう努めましょう。

■ そのほかの方法

そのほかの方法としては、Yahoo!カテゴリなどの**ディレクトリ型検索エンジンにお金を払って登録し、外部リンクを張ってもらう方法もあります**。ただし、その効果は相対的に低下しており、利用するサービスによっては外部リンクの購入行為と見なされペナルティを課される可能性もあるので、注意が必要です。

クローラの入り口としても、外部リンクは大切

外部リンクを人為的に操作する行為自体が禁止されているので、オリジナリティの高いコンテンツを制作し、自然にリンクを張ってもらうのが基本になります。

Section 28 SEO効果もあり!? サイトドメインを決定する

Category / 各種登録 / ドメイン・URL / クローラ / スマホ対応

「ドメイン」はインターネット上にあるコンピューターを特定するために使われる文字列で、Webサイトの住所に当たります。Webサイトを公開するためにはドメインが必要となりますが、ドメインの選び方によっても成果は変わります。

ドメインの種類

Webサイトの運営に必要なドメインには、さまざまな種類があります。**ドメインは種類によって意味することが異なっており、それがWebサイトの成果を変えるのです。**

■ドメインの構造

Yahoo! JAPANに直接訪問するには、ブラウザのアドレスバーに「http://www.yahoo.co.jp/」と入力します。この文字列の「yahoo.co.jp」の部分がドメインです。そして**「.」で区切られる文字列を、右から「トップレベルドメイン」「第2レベルドメイン」「第3レベルドメイン」と呼びます。**

ドメイン名の構成

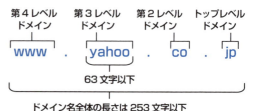

■ドメインの意味

トップレベルドメインには国を表すものと分野を表すものがあり、Yahoo! JAPANの「jp」は「japan」を意味し、利用しているWebサイトが日本で運営されていることを意味します。国を表すものには「us（アメリカ）」「cn（中国）」などさまざまなものがあり、分野を表すものには「com（商業組織）」「org（非営利組織）」などがあります。

また国を表すトップレベルドメインには、組織や地域を表す第2レベルドメインなどがセットになるものがあり、例えば「co.jp」の「co」は「company」を意味します。このように、**ドメインにはそれぞれ意味があり、意味に従って利用できる対象も決まっています。**

■ ドメインの分類

　ドメインは、先に登録している人がいなければ基本的に登録できますが、種類によっては一定の条件を満たさないと登録できないドメインもあります。

● 分野（gTLD）トップレベルドメイン

ドメイン	用途	登録対象	登録形態
com	商業組織用	世界の誰でも登録可	第2レベルに登録
net	ネットワーク用		
org	非営利組織用		
edu	教育機関用	米国教育省公認の認定機関から認可された教育機関	
info	制限なし	世界の誰でも登録可	
biz	ビジネス用	ビジネス利用者	

● 国（ccTLD）トップレベルドメイン

ドメイン	国	登録対象
jp	日本	日本に住所を有する団体／組織／個人
us	アメリカ合衆国	アメリカ国籍、アメリカ在住、アメリカに関わっていることを明確に証明できる方
in	インド	世界の誰でも登録可
co	コロンビア	世界の誰でも登録可

● JPドメイン名の分類

ac.jp	主に大学
co.jp	株式会社、合同会社、有限会社など
go.jp	日本国の政府機関、各省庁所轄研究所、独立行政法人、特殊法人（特殊会社を除く）
or.jp	（a）財団法人、社団法人、医療法人など （b）国連などの公的な国際機関、外国政府の在日公館、外国政府機関の在日代表部そのほかの組織など
ne.jp	日本国内のネットワークサービス提供者が、不特定または多数の利用者に対して営利または非営利で提供するネットワークサービス
gr.jp	複数の日本に在住する個人または日本国法に基づいて設立された法人で構成される任意団体
ed.jp	保育所、幼稚園、小学校、中学校、高等学校、中等教育学校、特別支援学校、専修学校など

▲出典：https://www.nic.ad.jp/ja/dom/types.html

既定部分を選択する際のポイント

　ドメインの決定では、「com」や「co.jp」などの自由には指定できない部分を選択してから、「yahoo」や「google」などの自由に指定できる文字列を決定します。

■**ドメインの表す分野から絞り込む**

　日本のコーポレートサイトなら「co.jp」、日本の教育機関なら「ac.jp」のように、既定部分は、作成するWebサイトに適したものがあれば、それを選択します。

　その**1つ目の理由は、SEO対策につながるからです**。例えばA株式会社のWebサイトが「http://○○.co.jp/」と「http://○○.com/」の2つ存在した場合、Googleは「http://○○.co.jp/」のほうを優先的に表示する傾向があります。なぜなら「co.jp」は1企業につき1つしか取得できないドメインであるため、公式サイトと思われる「co.jp」のWebサイトを表示したほうが良いと判断できるからです。

　2つ目の理由としては、利用者の信頼を得やすいためです。「co.jp」や「ac.jp」など取得制限のあるドメインは、条件を満たした組織が運営していることの保証となり、利用者に安心感を与えます。

■**ドメインの表す国から絞り込む**

　分野と同様に国に関しても、適切なものを選択したほうが、より高い効果につながります。例えどんなに優れていたとしても、英語で書かれたアメリカのWebサイトが、日本で日本語を使って検索した検索結果に表示されることは稀です。それは検索エンジンが、言語や検索している地域から、利用者が日本語で解説しているコンテンツを求めていると判断するからです。検索エンジンは、Webサイトの対象地域を判断する際に、既定部分の示す地域も判断基準とするので、**ターゲットの地域が明確なら、その地域を表す既定部分を選択することで、より上位に表示されやすくなります**。

Search Console を使わずに Google が地域を判定する方法

Search Consoleに情報が入力されていない場合、Googleでは、主にサイトの国ドメイン（.ca、.deなど）を参照します。国際ドメイン（.com、.org、.euなど）を使用している場合、Google は IP アドレス、ページの位置情報、ページへのリンク、Google マイビジネスの関連情報といった複数の情報を利用します。国ドメインのホスティング プロバイダを変更しても、他に操作が必要になることはありません。国際ドメインのホスティング プロバイダを別の国のプロバイダに変更する場合は、Search Consoleを使用して、サイトをどの国に関連付けるかを Googleに通知することをおすすめします。

▲特別な設定をしなくても、Googleは国ドメイン（ccTLD）から、強化する地域を判定してくれます（https://support.google.com/webmasters/answer/62399?hl=ja）。

文字列を決定する際のポイント

「yahoo」など、自由に決められる文字列の決定基準を確認しましょう。

■ SEO対策の観点から文字列を考える

多くの検索エンジンでは、検索したキーワードと同じ文字列が検索結果のURLにあれば、その部分を太文字で表示します。これは検索エンジンが、URLの中の文字列と検索キーワードを関連づけていることを意味します。つまり、**自由に決定できる文字列部分に対策キーワードを入れることで、SEO対策の効果を期待できるのです。**

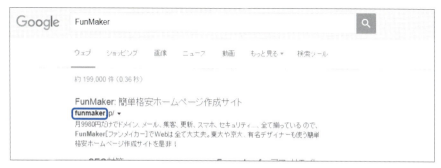

▲検索結果のURLでは、検索キーワードに該当する部分が太文字で表示されます。

日本語ドメインの利用は有効？

ひらがなやカタカナ、漢字などを利用して表記される日本語ドメインは、SEO対策効果が高いとされ、一時期頻繁に利用されました。そして現在でも、日本語ドメインの利用はURLに対策キーワードを入れる究極の形として、運用開始直後のWebサイトなどで効果を発揮します。

例えば「ファンメイカー.jp」という日本語ドメインを利用し、サービス名も「ファンメイカー.jp」とすれば、利用者はサービス名で検索したつもりでもドメインを入力していることになるので、SEO対策が効いていない運用開始直後でも検索結果の1番に表示されるようになります。そしてこの効果は、アドレスバーに直接検索ワードを入力するスマートフォンなどでは、より顕著に現れます。

このように、ローマ字の羅列より日本語表記のほうがドメインを覚えてもらいやすい効果もあり、使いようによっては有効な手段となる日本語ドメインですが、そのままではメールアドレスとして利用できません。そのため、Webサイトのドメインをメールでも使う場合は、使用するかどうかを冷静に判断する必要があります。

キーワードを反映する場合は、キーワードをそのままローマ字表記にし、半角アルファベットで反映しましょう。英語表記を推奨する方もいますが、ニュアンスが変わってしまったり、検索エンジンが同一キーワードと判断しなかったりするリスクがあります。

　ローマ字への変換で表記に迷った場合は、候補となる文字列をGoogleで検索し、検索結果の「次の検索結果を表示しています」の項を確認しましょう。ここに目的のキーワードが表示されれば、Googleは検索した文字列と対策キーワードを同一のものと判断しているとわかるので、その文字列を採用します。

　ただし、ドメインへキーワードを反映することの効果はあまり大きくないので、そこまで神経質にならず、次に解説する利用者からの見られ方もふまえ、最適なものを選びましょう。

▲ Googleでの「ho-mupe-ji」の検索結果。「ホームページ」と同一に扱われていることがわかります。

■ 利用者に与える印象を考える

　検索エンジンが普及した現在、ドメインを覚える人は少ないので覚えやすさを重視する必要はありませんが、見た目の印象は考慮したほうが良いでしょう。

　名刺やショップカードを渡すときやメールでのやり取り、商品共有時のURLでの表示など、ドメインは多くの人の目に触れます。その際、あまりに長いドメインや、わけのわからない文字列が使われていると、怪しい印象を与えてしまう可能性があります。既定部分の選択時と同様に、提供しているサービスに適した文字列で安心感を与えるよう心がけるとともに、ドメインを入力する可能性も考えて、あまり長くならないようにすることも大切です。

> **SEO対策効果もあるので、ドメイン選びは慎重に**
>
> Webサイトを運用しだしてからドメインを変更することは、SEO対策においてさまざまなマイナスがあるので、ドメイン選びは慎重に行いましょう。

Column オールドドメインには本当に効果があるのか？

　SEO対策の裏ワザとして使われてきた手法に、オールドドメインを利用する方法があります。オールドドメインとは、すでに一定期間利用されているドメインのことで、オールドドメインを販売するサービスも存在しています。

■ 実際に今まで効果があった

　オールドドメインを利用することで、これまでは一定の効果が得られたのも事実です。既に多くの外部リンクを獲得していたり、検索エンジンから一定の評価を受けていたりするオールドドメインを購入し、それを利用してWebサイトを作成すれば、クローラが早く巡回してくるだけでなく、Webサイトの評価自体が高まることも期待できます。

■ オールドドメインの利用には細心の注意が必要

　これまで効果のあったオールドドメインの利用ですが、現在は、良い効果を得られる可能性は決して高くありません。

　その理由の1つ目は、あまり良いドメインがなく、数少ない良いドメインを選ぶには知識と慣れが必要だからです。検索エンジンの評価も高く、収益を上げられるドメインならば、手放す理由はありません。運営歴だけは長いものの、検索エンジンの評価の低いドメインや、ペナルティを受け評価が落ちだしているドメインこそ手放されます。オールドドメインを上手に選択できないと、ペナルティを受けているドメインを購入してしまい、どんなに頑張ってもまったく成果が上がらない状態になる危険があります。

　もう1つの理由としては、検索エンジンが対策を強化していることが挙げられます。高い評価を受けている良いドメインでも、以前のWebサイトと内容がまったく違うものになってしまえば、評価はほとんど継承できません。また、ドメイン表記とWebサイトの内容を合わせるために301リダイレクト（P.100参照）して評価を受け継がせる手法は、評価が半減してしまうのはもちろん、もとのドメインを閉じてしまうと、もともと張られていた外部リンクも失われてしまいます。

Section 29 正しく伝えて評価を上げる！URLの決定と設定法

Category　各種登録　ドメイン・URL　クローラ　スマホ対応

Webサイトを構成するページを特定するために使われるURL。このURLの決め方によって、利用者の利便性が変わるのはもちろん、ドメイン同様、SEO対策における成果も変わってきます。そんなURLの決定方法や利用時の注意点を確認しましょう。

URLを決める際の注意点

ドメインと同様に、URLを決める際にも注意するべきポイントがあります。ドメインにも共通する大切なことなので、ここでしっかりと確認しましょう。

■ 途中で変更してはならない

ドメインやURLで必ず守るべきことは、1度決定したら、対象ページが存在している限り変更しないことです。URLの変更は、検索エンジンからの現在の評価を失わせるだけでなく、ブックマークや外部リンク経由の訪問者の混乱も招きます。

もちろん、URLの変更を検索エンジンに伝える方法はありますが（Sec.59参照）、完全に評価が引き継がれるわけではなく、検索エンジンによっては申請できないこともあります。また、もとのURLに対して張られた外部リンクを新規URLに変更してもらうことは困難なため、せっかく集めた外部リンクも失われたり、その効果が小さくなったりしてしまいます。

■ 半角英数を利用してキーワードを入れる

ドメインと同様に、URLにも、対象ページで対策したいキーワードを入れましょう。また、わかりやすく見栄えも良くなるよう、できるだけ短く単純なものにします。利用する文字は、どのような環境でも表示されるよう半角英数小文字と「-（半角ハイフン）」「_（半角アンダーバー）」のみにします。「-」と「_」の違いは、「-」で結ばれた単語は2つの単語と認識されるのに対し、「_」では1単語と認識されることです。一時期、この2つの記号のどちらを利用したほうが良いか議論の的となりましたが、結論としては効果にそこまで大きな差はありません。目的に合わせてより適切なものを利用しても、どちらかに統一しても構いません。

評価を集中させるURLの正規化

右のように、1つのWebページに対して複数のURLが存在する場合があります。これを1つのURLに統一することを、URLの正規化といいます。

- http://funmaker.jp/
- http://www.funmaker.jp/
- http://funmaker.jp/index.html
- http://www.funmaker.jp/index.html

■ URLを正規化する意義

URLが複数存在すると、検索エンジンが重複コンテンツとして評価を下げたり、正規のURLをインデックス化してくれなかったりする危険があります。また、外部リンクを張られる際、張り先がそれぞれのURLに分散してしまうので、外部リンクによる効果も分散してしまいます。

URLの正規化は、これらを解消し、もっとも使ってほしい正規のURLをしっかりとインデックス化させ、正しく評価されるようにするとともに、外部リンクを集中させ、より高いSEO対策効果を実現します。

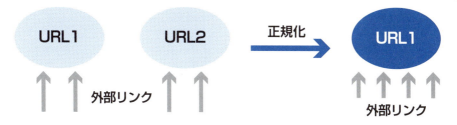

▲ URLを正規化することで、外部リンクを集中させ、SEO対策効果を高めます。

■ URLを正規化する方法

すでに複数存在するURLを統一する場合、ただ非正規URLを廃止するのではなく、少しでも正規URLに非正規URLの評価を受け渡せるよう、検索エンジンにURLの統一を申請したり、クローラに「URLを移動し、統一した」と伝えたりしましょう。

検索エンジンに申請するほうが作業は楽ですが、すべての検索エンジンが申請機能を用意しているわけではないので、まずここでは、クローラに移動を伝える方法を紹介します。検索エンジンへの申請方法は、Sec.46でドメインの正規化、Sec.59でURL変更の申請方法を解説しているので、そちらを参照してください。

クローラにURLの統一を伝える方法

　クローラにURLの統一を知らせるには、301リダイレクトと呼ばれる特定のURLから別のURLへ、クローラと利用者を転送する方法を利用します。この方法は、クローラだけでなく、非正規URLを訪問する利用者も正規URLに誘導できるため、以降に張られる外部リンクを集中させることもできます。

■ .htaccessファイルを利用した正規化

　「.htaccessファイル」とは、Apacheを用いたWebサーバに設置することで、ページへのアクセス制限やユーザー認証、転送などの設定ができるファイルです。実行するには、メモ帳などのテキストエディタを開き以下のコードをすべて半角で記述します。

```
RewriteEngine on
RewriteCond %{HTTP_HOST} ^funmaker.jp [NC]
RewriteRule ^(.*)$ http://www.funmaker.jp/$1 [R=301,L]

RewriteEngine on
RewriteCond %{THE_REQUEST} ^.*/index.html
RewriteRule ^(.*)index.html$ http://www.funmaker.jp/$1 [R=301,L]
```

▲上3行は「http://funmaker.jp/」を廃止し「http://www.funmaker.jp/」に、下3行は「index.html」ありのURLを廃止し、なしのURLに正規化するためのコードです。

　記述したら、ファイル名を「a.htaccess」として保存します。保存する際は、ファイルの種類で「すべてのファイル」を選択しましょう。保存したファイルは、対象サイトのサーバのルートディレクトリにアップロードし（アップロード方法はSec.73参照）、ファイル名を「.htaccess」に変更すれば設定完了です。

　上記はもっとも一般的なコードになりますが、サーバの機能やファイル構成によってはコードを変える必要があるので、実行できない場合はWebなどで調べてください。また、上記はApache Webサーバにおいて、利用者のアクセスしてきたURLを書き換えられるモジュールである「mod_Rewrite」が利用できる場合のコードですが、一部利用できない場合もあるので、以下にそのためのコードを示しておきます。

```
Redirect 301 / http://www.funmaker.jp/
```

重複コンテンツのオリジナル指定

ECサイトでユーザーセッションや検索設定により、同じ商品ページに複数の動的URLが生成されたり、ブログで複数の項目下に同じ投稿を配置したために複数のURLが自動的に保存されたりすることで、1つのページに複数URLが存在してしまうことがあります。このように、**どのURLも廃止するわけにはいかない場合は、リダイレクトではなく、どのコンテンツがもっとも大切かをクローラに伝える方法で対応します。**

■ rel="canonical" によるオリジナル指定

複数URLからアクセスできるページで、メインのURLを「http://www.funmaker.jp/original.html」にしたい場合は、正規と非正規のすべてのページのheadセクションに以下のコードを追加します（Sec.35参照）。

```
<link rel="canonical" href="http://www.funmaker.jp/original.html" />
```

rel="canonical"リンク要素で正規URLを指定したら、XMLサイトマップに正規のURLだけを反映し、検索エンジンに送信します（Sec.30参照）。

■ URLの正規化や設計時の注意点

Googleも「サーバー側での301リダイレクトは、ユーザーや検索エンジンを正しいページに確実に誘導するのに最善の方法です」としているように、**利用者が対象URLを見る必要がないなら、正規URL以外には301リダイレクトを設定するのが正しいことを知っておきましょう。**また、リダイレクトやrel="canonical"リンク要素による設定は、設定作業自体が大変で手間がかかりますし、運営時にミスを生じやすくなります。URLの設計時にはできるだけ重複が生じないようにし、また管理がしやすく利用者にもわかりやすいように、単純な構造になるよう心がけましょう。

 URLは1ページに1つ。変更もしない

1ページに複数のURLからアクセスできると、検索エンジンに適切にインデックス化されていないだけでなく、評価を下げられてしまう危険があります。

Section 30 早く正しく伝えるためにXMLサイトマップを作成する

Category　各種登録　ドメイン・URL　クローラ　スマホ対応

多くのWebサイトでは、利用者が提供コンテンツを探しやすくするためにサイトマップを提供します。同様に、検索エンジンにサイト構成を伝える際にもサイトマップが利用されますが、このサイトマップは利用者のためのものとは少し異なります。

XMLサイトマップとは

「XMLサイトマップ」とは、Webサイトのページリストを指定し、検索エンジンにWebサイトのコンテンツ構成を伝えるためのファイルです。クローラはこのファイルを読み込むことで、抜け漏れなくより正確にサイトの情報を収集できるようになります。

▲アンドバリュー株式会社（http://andvalue.co.jp/）のXMLサイトマップです。

■ XMLサイトマップに記載できる情報

XMLサイトマップでは、Webページの最終更新日、更新頻度、Webサイト内のほかのURLと比較した相対的な重要度などの関連情報を記載し、検索エンジンに伝えられます。また、動画や画像、モバイルコンテンツなど、特定のタイプのコンテンツに関する情報を検索エンジンに提供することもできます。Googleは動画、画像それぞれについて、以下の情報をサイトマップで指定できるとしています（https://support.google.com/webmasters/answer/156184）。

動画サイトマップ：再生時間、カテゴリ、年齢制限のレーティングの指定
画像サイトマップ：画像のテーマ、タイプ、ライセンスなどの指定

XMLサイトマップの利用方法

XMLサイトマップを用意して検索エンジンに登録すると、クローラが回ってくるまでの時間が短くなり、抜け漏れなく情報を収集してくれます。また、検索エンジンが提供しているツールによっては、XMLサイトマップを登録しないと得られない情報もあるので、必ず用意しましょう。

XMLサイトマップを利用するには、クローラがXMLサイトマップにアクセスできるよう、Webサイトと同じサーバにアップする必要があります。そして、検索エンジンにアップした場所を伝え、更新するたびに情報を検索エンジンに伝えることで、各種効果を得られるようになります。

■XMLサイトマップが特に役立つ場合

Googleは、各WebページがWebサイト内のほかのページから適切にリンクされていれば、ほとんどのページを検出できるとしていますが、特に以下の条件に当てはまるWebサイトの場合は、サイトマップを設置したほうが良いとしています。

- **抜け漏れなくクロールされるようになる**
ページ数が非常に多い Webサイト／どこからもリンクされていないページが多量にある Webサイト／新しくできた外部リンクの少ない Webサイト

- **サイトマップの追加情報が考慮される**
リッチメディアコンテンツを使用している Webサイト／ Google ニュースに表示されている Webサイト／ほかのサイトマップ対応アノテーションを使用している Webサイト

▲出典：https://support.google.com/webmasters/answer/156184

XMLサイトマップ以外のファイルを利用する

XMLサイトマップ以外の形式でも、検索エンジンにWebサイトの情報を伝えることができます。例えば、サイトマップにページのURLしか含めない場合は、URLを1行に1件ずつ指定した簡単なテキストファイルを作成し、それをサイトマップとして利用することもできます。詳細は「https://support.google.com/webmasters/answer/183668?hl=ja&ref_topic=4581190」を参照してください。

XMLサイトマップの作成方法

XMLサイトマップはWebに公開されているツールで簡単に作成できますが（詳細はSec.74参照）、ここではXMLサイトマップの記述方法について簡単に触れておきます。

■ XMLサイトマップの記述方法

メモ帳などのテキストエディタを開き、以下のように<url>から</url>までを1セットとしてインデックス化させたいURLをリスト化し、ファイル名を「sitemap.xml」として保存したら、Webサイトを公開しているサーバのルートディレクトリにアップロードします（アップロード方法はSec.73参照）。

```
<?xml version="1.0" encoding="UTF-8"?>
<urlset xmlns="http://www.sitemaps.org/schemas/sitemap/0.9">
 <url>
  <loc>http://funmaker.jp/</loc>
  <lastmod>2015-10-02</lastmod>
  <changefreq>weekly</changefreq>
  <priority>1.0</priority>
 </url>
</urlset>
```

属性	書き方
lastmod	最終更新日を YYYY-MM-DD の形式で記述
changefreq	更新頻度を always / hourly / daily / weekly / monthly / yearly / never から選択し記述
priority	サイト内のほか URL に対する相対重要度を 0.0 〜 1.0 の間で記述

Googleは、サイトマップを10MB以下、URL50,000件以下に既定し、それを越える場合はリストを複数に分割するよう指示しています。**検索エンジンごとにそれぞれ対応できる限界があるので、既定を越えそうな場合はファイルを分割しましょう。**

XMLサイトマップを登録する

　XMLサイトマップをサーバにアップしたら、検索エンジンにサイトマップの場所を知らせる必要があります。ここではBingへの通知方法を解説します（Googleへの通知方法はSec.47参照）。

❶ ブラウザから「Bing Webマスターツール」（http://www.bing.com/toolbox/webmaster）にアクセスし、＜ログイン＞をクリックしてログインします（登録方法はSec.26参照）。

❷ ダッシュボードで＜サイト＞をクリックして、XMLサイトマップを用意したWebサイトを選択し、「サイトマップ」の＜サイトマップの送信＞をクリックします。

❸ テキストボックスが表示されるので、「http://ドメイン/sitemap.xml」と入力し、＜送信＞をクリックします。登録後Webサイトを更新したら、再度更新内容を反映したサイトマップを送信しましょう。

POINT　Webサイトを作成したらXMLサイトマップを用意

XMLサイトマップは、運営開始すぐでクローラがなかなか巡回して来ない、インデックス数が増えない時期こそ大きな力を発揮します。

Section 31 Google以外にも対応！robots.txtを利用する

Category　各種登録　ドメイン・URL　クローラ　スマホ対応

GoogleやBingとは異なり、サイト管理者とのコミュニケーションツールを用意していない検索エンジンもたくさんあります。そのような検索エンジンのために、robots.txtというファイルを利用し、回ってきたクローラに指示を出して対応しましょう。

Google以外の検索エンジンへの対策

　現在の日本では、Yahoo!もGoogleの検索技術を導入しているので、Googleに対策をすれば90％以上の検索結果に対応できます。そして、Bingへの対応もすれば95％以上の検索結果に対応できるので十分といえるでしょう。しかし、検索エンジンの利用状況が変わったり、新しい検索エンジンが出てきたりする可能性もあります。

　常に検索エンジンの状況を把握し、それぞれの提供するツールを確認し対応していくのは大変であり、また、コミュニケーションツールがない検索エンジンも多数あります。対策としては、まずSearch ConsoleとBing Webマスターツールに登録して95％以上の検索結果に対応し、**そのほかの検索エンジンはこちらから申請に行かず、クローラが回ってきたときに適切な情報を伝えるようにするのが、すべて検索エンジンに対応しながらも、手間を大きく減らせる方法となります。**

robots.txtとは

　「robots.txt」ファイルはWebサイトのルートディレクトリに配置し、検索エンジンのクローラにアクセスさせたくないページを指定するファイルです。基本的に、ショッピングカートやお問い合わせ後のサンクスページなど、検索エンジンにインデックス化させたくないページの指定に利用しますが、使い方によっては、クローラにサイトマップの位置を伝えることなどもできます。

　今回は、XMLサイトマップを登録するためのツールを提供していない検索エンジンに対して、**robots.txtファイルを利用してクローラにサイトマップの位置を伝え、情報を抜け漏れなく収集してもらえるようにします。**

robots.txtを利用したサイトマップ指定

それでは、robots.txtファイルを利用して、検索エンジンのクローラにサイトマップの場所を知らせる方法を確認しましょう。

■ **robots.txt の記述方法**

メモ帳などのテキストエディタを開き、以下のコードをすべて半角で記述します。robots.txtファイルでは、「User-Agent:」のあとにクローラを指定することで、検索エンジンごとに指示を変えることもできますが、今回はすべての検索エンジンにサイトマップの位置を知らせるために行うので、すべてのロボットを意味する「*」を入れます。

```
User-Agent: *
Disallow:

Sitemap: http:// ドメイン /sitemap.xml
```

▲「ドメイン」の部分には対象となるWebサイトのドメインを入れます。

記述できたらファイル名を「robots.txt」として保存し、Webサイトを公開しているサーバのルートディレクトリにアップロードします（Sec.73参照）。また、**作成したrobots.txtファイルが正しく記述できており、しっかりと機能するかはSearch Consoleでテストできます**。実際の確認方法はSec.52で解説しています。

metaタグを利用したクローラの指定

検索エンジンのクローラに指示を出す方法には、対象のWebページのHTMLファイルのhead内に、以下のコードを記述する方法もあります。

```
<meta name="robots" content="noindex,nofollow">
```

「noindex」はインデックス化の拒否、「nofollow」はページ内のリンク先へのクロールの拒否を意味します。「nofollow」のほかには「noarchive」も記述できます。「noarchive」は対象ページのデータを検索エンジンがデータベースに保存するのを拒否することを意味し、頻繁に価格が変わるECサイトなどで利用されます。

robots.txt利用時の注意点

　robots.txtファイルを利用したXMLサイトマップの指定には、いくつかの注意点があります。しっかりと特長を理解した上で利用するようにしましょう。

■ インデックス化の拒否が基本的な役割である

　robots.txtファイルは、基本的に検索エンジンにインデックス化させたくないURLの指定に利用します。また、検索エンジンによって構文の解釈が異なる可能性もあります。Googleが「robots.txtファイルが必要になるのは、Googleなどの検索エンジンのインデックスに登録したくないコンテンツがある場合のみです」としているように、robots.txtファイルによるXMLサイトマップの場所の指定は、基本的な役割とは異なる利用法であり、**検索エンジンによっては正確に解釈しない可能性もあるので、あくまで補助的な方法で確実性が低い**と理解しましょう。

■ 指示は「依頼」でしかない

　robots.txtファイルの指示があくまで補助的なものにすぎない理由として、**指示が「依頼」に近いものとして処理され、クローラに対する強制力がない**ことも挙げられます。GoogleやBingのようにXMLサイトマップを登録できるツールのある検索エンジンには直接XMLサイトマップを登録し、robots.txtファイルはあくまで補助的手段として利用するようにしましょう。

▲ 301リダイレクト（P.100参照）と違い、robots.txtファイルには強制力がありません。

GoogleとBing以外にはrobots.txtで対策する

すべての検索エンジンにこちらから対応しにいくのは大変なので、robots.txtファイルを利用して訪れたクローラに指示を出す方法も利用しましょう。

robots.txt を利用したテスト環境の作成

　robots.txtファイルはクローラに対する強制力がないので、非公開コンテンツのブロックやURLの正規化など必ず守らせたい指示での使用は推奨できません。そのような場合は、サーバー側での認証や301リダイレクトなど、強制力のある方法を利用することになりますが、一時的なテスト環境などでは、robots.txtファイルによるクロールの拒否が有効です。ここでは、robots.txtファイルによるテスト環境の作り方を紹介します。

■「Disallow」を利用する

　メモ帳などのテキストエディタを開き、以下のコードを記述します。

```
User-Agent: *
Disallow:
```

　「Disallow:」のあとに、Webサイト全体をブロックしたい場合は「/」を、特定のディレクトリ以下の場合は「/ディレクトリ名/」と入れます。例えば、「http://funmaker.jp/」というURLのWebサイトでマニュアルを作成する際に、制作過程を検索エンジンにインデックス化させないよう「http://funmaker.jp/manual/」以下のページをすべてブロックしたい場合は、以下のように記述します。

```
User-Agent: *
Disallow: /manual/
```

　このように記述したrobots.txtファイルをサーバのルートディレクトリにアップロードしておけば、公開しているWebサイトでも制作中のページのURLを知っている関係者以外にはアクセスできない環境を用意できます。

　ただし、robots.txt ファイルには強制力はないので、利用するのはあくまでも一時的な作業時にし、できるだけ早く公開するようにしましょう。

Section 32 今の効果は？ Ping送信とソーシャルブックマーク

Category / 各種登録 / ドメイン・URL / クローラ / スマホ対応

SEO対策の方法として、一時期頻繁に行われていたのがPing送信やソーシャルブックマークを利用した方法です。これらの方法の現在の効果はどうなっているのでしょうか？ この2つの方法の「今」について触れておきます。

現在のPing送信の効果

Ping送信とは、ブログを更新した際に、Pingサーバに更新情報を伝えることをいいます。Pingサーバは、ブログやWebサイトから送られてきた更新情報を受信し、送られてきた情報をもとに更新情報のリストを作成してくれます。

■ Ping 送信の意義

Ping送信の意義は2つあります。1つは、検索エンジンもPingサーバの情報を参照しているので、**更新情報が検索エンジンに伝わりやすくなり、クローラがより早く来てくれる可能性がある**ことです。もう1つは、多くのブログランキングサイトはこのPing送信を利用して情報を収集し、ランキングを作成しているので、**Ping送信によりランキングの上位表示を実現できれば、ランキングからの流入が期待できる**ことです。

■ Ping送信の実行方法

ブログを利用している場合や、WordPressなどのCMSを利用している場合は、Ping送信機能がついている場合が多いので、Ping送信先のURLを入力するだけで、簡単に設定できます。Ping送信機能がついていないWebサイトの場合は、自身でRSSを実装した上でPing送信を設定するので、実行するにはある程度の手間がかかります。

■ 今でもPing送信は効果的？

検索エンジンの情報収集能力が非常に高くなっている現在では、**クローラを呼び込む効果は小さくなっていますが、ブログランキングの上位に表示されれば、そこからの流入は現在でも期待できます**。ただし、効果の低下とともにPing送信先も減少してきているので、ほかの対策を行った上で、余力があればやる程度で良いでしょう。

現在のソーシャルブックマークの効果

ソーシャルブックマークは、お気に入り登録を特定のWebサイトで行い、デバイスやブラウザを変えても利用できるようにするとともに、ほかの利用者とも共有するサービスです。代表的なものには、「はてなブックマーク」などがあります。

■ ソーシャルブックマークの意義

ソーシャルブックマークの意義も2つ挙げられます。**1つ目は、外部リンクの獲得です**。ソーシャルブックマークを張ってもらうと外部リンクの効果があったので、簡単に外部リンクの効果を得るために、かつてはいくつもアカウントを作成し、自分のWebサイトをブックマークする手法が流行しました。**2つ目は、ほかの利用者と共有されるので、ブックマークを参照してWebサイトを訪問してくれる人がいることです**。サービスによってはランキング表示がある場合もあり、より高い効果を望める場合もあります。

■ ソーシャルブックマークの利用方法

それぞれのサービスでアカウントを作成すれば、基本的に無料で利用できます。また利用方法も非常に簡単で、基本的にはブラウザを利用したお気に入り登録と同様です。

■ 今でもソーシャルブックマークは効果的?

Ping送信同様、効果は非常に小さくなってきています。これは、ブックマークのリンク先を巡回しないようにクローラに指示を追加しているサービスが多くなり、また、コストもかからず手軽にできる裏ワザだったために、多くのスパム行為が行われたため、検索エンジンの評価も下がっているためです。

ただ、本来は良いものだからこそ登録されるのですから、スパム行為を排除できればリンクの価値自体は評価されるべきものです。**ブックマークを参照して訪れる人もいるので、余力があればWebサイトにブックマークボタンを置くなどの対策をしても良いでしょう**。

 余力があれば対策しても良い

Ping送信もソーシャルブックマークも効果が低下してしまっていますが、ある程度の効果は期待できるので、余力があれば対策しても良いでしょう。

Section 33

Category | 各種登録 | ドメイン・URL | クローラ | スマホ対応

SEO対策だけじゃない！
非常に大切なスマホ対応法

最近ではスマートフォンからのアクセス数がパソコンを超えるWebサイトも多く、この傾向はより強まっていくでしょう。これからさらに大切になってくるスマートフォン対応にはどのような方法があり、何を注意すれば良いのでしょうか。

 スマートフォン対応の必要性

スマートフォンに対応していないWebサイトは、使いにくいためスマートフォン利用者に敬遠されるだけでなく、SEO対策においてもマイナスの影響を与えます。

■ **スマートフォンに対応しない＝大きな機会損失**

現在では、Webへのアクセスはパソコン経由よりスマートフォン経由のほうが多くなってきています。思いついたらその場で調べるWebの利用スタイルが定着し、スマートフォンは持っていても、パソコンは持っていない人も増えています。

パソコンに最適化した表示は、スマートフォンでは見にくく、表示されない場合さえあるので、スマートフォンに対応しなければ、ターゲットの半数を失うことになり、大きな機会損失につながります。

■ **スマートフォン対応＝ SEO対策効果やクリック率向上**

Googleはモバイルユーザビリティの重視を明言し、2015年の4月から、モバイル対応しているかを、モバイルの検索結果の評価基準に加えました。また、Googleの検索結果では、スマートフォンに対応しているWebサイトでは「スマホ対応」と表示されるので、検索結果に表示されたとしても、スマートフォンに対応していないとWebサイトがクリックされない可能性もあります。

> FunMaker: 簡単格安ホームページ作成サイト
> funmaker.jp
>
> [スマホ対応]・月9980円だけでドメイン、メール、集客、更新、スマホ、セキュリティ....、全て揃っているの
> で、FunMaker［ファンメイカー］でWeb

▲モバイルで検索した際の、Googleの検索結果です。

スマートフォン対応のポイント

スマートフォンに対応させる際に気をつけるべきポイントを確認しましょう。

■ 表示を端末の画面サイズに合わせる

　スマートフォンには、さまざまな画面サイズがあるため、Webサイトも機種や表示に合わせて表示サイズを変える必要があります。そのため、Webサイトのデザインや設定は横幅の変化に柔軟に対応できるようにし、以下のコードをHTMLファイルのhead内に記述しましょう。このコードはGoogleも推奨しているもので、表示をデバイスのスクリーン幅に合わせるために記述します。

```
<meta name=viewport content="width=device-width, initial-scale= 1">
```

■ 読みやすい文字サイズにする

　利用者が見やすい文字サイズにすることも重要です。Googleは基本のフォントサイズをCSSで16pxに指定することを推奨しています。基本的にはあまりに小さな文字サイズを使わず、しっかりと上記のコードを追加して、機種や表示の仕方が変わっても適切な表示がされるようにしていれば問題ありません。

■ 各要素を十分に離し、タップしやすくする

　スマートフォンの操作におけるもっとも大きな特長は、タッチスクリーンを指で触って操作することです。タッチ操作に合った表示にすることは非常に重要であり、ボタンやリンクを押し間違えないようある程度大きくすることや、隣接するタップ対象はしっかりと距離をとることなどが大切になります。

■ モバイルに対応した技術を利用する

　多くのスマートフォンのブラウザでは、Flashで作成されたコンテンツは表示されません。そのため、Flashコンテンツを多用したWebサイトは、スマートフォンなどではまったく利用できません。このように、パソコンでは利用できても、スマートフォンでは利用できない技術があるので、Webサイト作成時には、スマートフォンでも利用できる技術か、確認しましょう。

スマートフォン対応にする3つの方法

　実際にスマートフォンに対応するにはどのような方法があるのでしょうか。Googleは、以下の3つの方法をサポートしています。

■ デバイスごとに見た目だけ変える方法

　「レスポンシブWebデザイン」と呼ばれる方法で、1つのWebサイトのデータを、画面サイズに合わせてデザインを変えて表示します。具体的にはCSS3のメディアクエリを使用し、画面の横幅に応じて反映するCSSを変更することで表示を変更します。

　この方法はデバイスごとにURLが変化しないので、**利用者のシェアやリンクが分散されず、検索エンジンに適切にインデックスされやすい利点があります**。また、検索エンジンとしては1つのページの情報を収集すれば良いので、クローラの負荷が少ないこともあり、この方法を推奨しています。

■ デバイスごとに表示内容も変える方法

　パソコンサイトの内容をデザインだけ変えて表示するレスポンシブWebデザインでは、最適な表示にならない場合もあります。そのような場合に利用するのが、デバイスごとにデザインだけではなく、提供する内容も変える方法です。

　この方法は、URLは変えずユーザーエージェントによりデバイスを判断し、提供内容を変えるので、**レスポンシブWebデザイン同様シェアやリンクが分散されず、SEO対策の効果も出やすい利点がありますが、デバイスごとに表示内容を決め、テンプレートを用意しなければならないため、レスポンシブWebデザインより手間がかかります**。

■ デバイスごとに別のWebサイトを表示する方法

　最適な表示になるよう、デバイスごとに異なるWebサイトを用意し、利用者のデバイスを判断してそれぞれのWebサイトに振り分ける方法です。

　利点としては、**デバイスごとに完全に最適化した内容やデザインを実現できることが挙げられます。しかしURLが変わってしまうので、シェアやリンクが分散され、SEO対策の効果が出にくい傾向があります**。また、対応するデバイスの数だけWebサイトを制作し管理しなければならないため、サイト運営に大きなコストがかかってしまいます。

　検索エンジンはクローラの負荷が少なく、インデックスのデータ量も多くならないレスポンシブWebデザインを推奨しています。

スマートフォンへの対応状況をチェックする

スマートフォン対応をした場合、それが本当に利用者の使いやすい表示を実現できているのか。そして、検索エンジンに評価されるものになっているのかも大切になります。

❶ ブラウザで「PageSpeed Insights」(https://developers.google.com/speed/pagespeed/insights/?hl=ja) にアクセスし、「ウェブページのURLを入力」に対象ページのURLを入力して、＜分析＞をクリックします。

❷ 分析結果が表示されたら、＜モバイル＞をクリックします。分析結果には「修正が必要」な内容と「修正を考慮」すべき内容、そして「ルールに合格」した内容が表示されます。修正が必要な内容に関しては、＜修正方法を表示＞をクリックして修正方法を確認しましょう。

分析結果はあくまで参考とし、無理をして100点を目指す必要はありません。**Webサイトは何かしらの目的を持って作成するので、その目的を達成することがもっとも重要です。目的を妨げてしまうのなら、勇気をもって対応しないことも大切です。**

スマホの検索結果では、スマホ対応が重要になる

スマホ対応していないWebサイトは、スマホの検索結果では検索順位が上がりません。チャンスを逃さないために、しっかりスマホ対応することが大切です。

Column

SEO対策だけじゃない！
ユーザビリティでも大切な表示速度

　Webサイトが表示されるまでの時間は、利用しているサーバやシステム、デバイス側の処理速度、Webページ自体のデータ量によって変わります。そして、表示に時間がかかると成果が低下してしまう傾向がありますが、それはなぜでしょうか（実際の対応方法はSec.75参照）。

■ SEO対策における問題

　Webページの表示速度を検索順位の評価項目にすることは、2009年にGoogleから発表され、2010年から徐々に導入されてきました。しかし、その影響は検索結果全体の1％ほどと、それほど大きなものではありません。また、評価の仕方も表示が早ければ評価が上がるというものではなく、あまりに遅いと評価が下がるという程度のものにすぎません。

■ ユーザビリティにおける問題

　表示速度のSEO対策における影響はあまり大きなものではありませんが、それでも表示速度は非常に重要です。なぜなら表示速度が遅いと、利用者の利便性が下がるからです。世界最大のeコマースサイトであるAmazonでは、表示速度が0.1秒早くなるごとに売り上げが1％上がるといわれています。Webページがなかなか表示されないと、ストレスを受け、内容が良くてもそのまま帰ってしまったり、2度と利用しなくなってしまったりします。表示速度は、Webサイトを快適に利用してもらうために、非常に重要な要素となります。

■ リソースにおける問題

　現在は、スマートフォンやタブレットの普及により、通信速度が遅い環境の利用者が増加しているため、表示速度によるストレスはより大きくなっています。また、モバイル通信の料金プランには利用できるデータ量に制限が存在するため、表示速度が遅く重いページは、金銭的な面からも敬遠されていくでしょう。表示速度はこれから重要になっていく要素なので、しっかりと対応していきましょう。

第4章　効果を高める！早く正しく伝える技術

SEO対策を仕掛ける!
内部SEO対策の実践法

Section 34 ▶ より正確に伝えるためのマークアップとは?
Section 35 ▶ まずはHTMLの基本をおさらいしよう
Section 36 ▶ SEO対策でもっとも重要! クリック率も上げる「title」
Section 37 ▶ クリック率を上げる「description」記述方法
Section 38 ▶ SEO対策効果はもうない?「keywords」の注意点
Section 39 ▶ ページの重要ワードを決める「見出し」作成法
Section 40 ▶ SEO対策効果を高める「リンク」作成法
Section 41 ▶ 利用者に配慮し、SEO対策効果も高める「画像」
Section 42 ▶ 検索エンジンに「重要性」を伝えるstrong要素
Section 43 ▶ 検索エンジンに誤解させない「リスト」活用法
Section 44 ▶ 検索結果のクリック率を上げる「リッチスニペット」

Category　基礎　head要素　body要素

Section 34 より正確に伝えるためのマークアップとは？

Web上の文書はHTML（Hyper Text Markup Language）と呼ばれるマークアップ言語で記述されます。このHTMLの文法や特性をしっかりと理解して文章を記述することは、検索エンジンに情報をより正確に伝えるために非常に重要です。

Webサイトを構成する言語

　Webサイトを作成する際にはさまざまな言語を利用できますが、「HTML」と「CSS」と呼ばれる2つの言語がWebサイトの基礎となり、この2つの言語だけで、最低限のWebサイトが作成できます。

■ HTMLとは

　HTML（エイチティーエムエル）とは「Hyper Text Markup Language」の略称です。Webページの文章や画像などの構成要素を記述するための言語で、基本的にページの提供する情報は、すべてHTMLで記述されたファイル（HTMLファイル）の中に記述されています。見た目を気にしないのであれば、HTMLファイルだけでページを作成することもできます。

■ HTMLとCSS

　CSS（シーエスエス）とは「Cascading Style Sheets」の略称で、HTMLファイルに記述されている要素のレイアウトや文字の大きさ、配色などの見た目を指定するための言語です。CSSファイルによって、見やすく利用しやすいWebページが実現します。

▲左は通常のYahoo!JAPAN、右はCSSファイルの指示が反映されていないYahoo!JAPANのトップページです。レイアウトなどの情報がなくなると、まったく異なるページのように見えます。

正しく記述することの重要性

ここまでに何度も触れてきましたが、検索エンジンが非常に進歩したとはいえ、現在でも正確に情報を伝えるための努力は大切です。

■ 正しくマークアップする必要性

Webページは、構成要素を記述するHTMLファイルと見た目を指定するCSSファイルの2つのファイルによって構成されますが、そのページの提供する情報はHTMLファイルに記述されます。そのため、検索エンジンはHTMLファイルを中心に情報を収集し、内容を把握する手がかりとしてマークアップを利用するのです。

マークアップとは、目印を利用して文章を構造化することです。例えば、見出しは「h1」というマークを利用して、「<h1>見出し</h1>」と記述します。そして、検索エンジンは、「h1」というマークから、ここに記述されているのは「見出し」だろうと判断し、それぞれの要素ごとに重みをつけながらページの内容を把握し評価していきます。そのため、**マークを正しく使わないと、検索エンジンに正しく理解してもらえず、しっかりと評価してもらえない可能性があるのです**。正しくマークアップをしないことは、検索エンジンに正しく理解してもらえないだけでなく、不正行為をしているのではないかと疑われ、ペナルティの対象となってしまう危険性さえあります。

■ 正しいマークアップを助けるCSS

また、HTMLのマークの中には、ブラウザに見た目が設定されているものがあり、利用すると表示も一緒に変更される場合があります。例えば見出しを意味する「h1」を利用すると、文字のサイズが大きくなります。そのため、Webサイトの作成を始めたばかりだと、見た目を変えるためにマークを乱用してしまうことがあります。これは検索エンジンに誤解を与えることになってしまうので、**あくまでHTMLファイルはページの要素を記述するために利用し、見た目はCSSファイルを利用するようにしましょう**（ただし、本書ではCSSについて触れませんので、CSSについて知りたい方はCSSを扱った専門書をお読みください）。

検索エンジンに正しく伝え、誤解されないようにする

間違ったマークアップは検索エンジンに正しく評価されなくなるだけでなく、だまそうとしていると誤解され、ペナルティの対象になってしまう可能性もあります。

Section 35 まずはHTMLの基本をおさらいしよう

Category: 基礎 / head要素 / body要素

SEO対策で重要になってくるマークアップ方法を解説する前に、ここで簡単にHTMLの基本を解説しておきます。ただし、本書はHTMLの書籍ではありませんので、しっかり学びたい方はHTMLの専門書も読むようにしましょう。

HTMLファイルの構成要素

　Webページを構成するHTMLファイルは、そのファイルを記述しているHTMLのバージョンを宣言する宣言部分と、HTML記述部分の2つに分かれます。そして、HTML記述部分は検索エンジンやブラウザのためのページには表示されない情報が記述されるhead要素と、利用者に見せるための対象ページに表示される情報が記載されるbody要素の2つに分かれます。

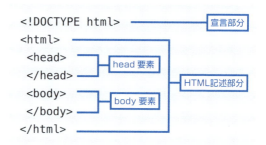

■ 宣言部分

　ファイルを読み取るブラウザや検索エンジンのクローラに間違いなく理解してもらうために、利用するHTMLのバージョンを宣言する部分です。最新のバージョンのHTML5では、「<!DOCTYPE html>」とだけ記述すれば問題ありません。

■ HTML記述部分

　HTML記述部分であることを示すために<html>と</html>で挟みます。そしてその間に、検索エンジンやブラウザのためにタイトルや文字コードなど、ページそのものに関する情報を記述するhead要素と、ページの中身を記述するbody要素を記述します。基本的にHTMLは開始タグと終了タグの間に対象の要素を入れることで文章を構造化し、head要素は<head>と</head>の間に、body要素は<body>と</body>の間に記述します。

HTML5による構造化

2014年に勧告された最新のHTML5の主な特長は、主に以下の2つです。

■ 構成要素の情報とデザイン情報の分離

HTML5からは各要素の装飾的な意味合いがほとんどなくなり、HTMLとCSSの分担がより明確になりました。

■ 構造化タグの登場

構造化タグとは、Webページの構成要素の役割を明示するためのマークで、このマークを利用することで検索エンジンにより正確に情報を伝えられます。HTML5での変更の中でも構造化タグの登場のインパクトは大きく、SEO対策においても影響がありました。

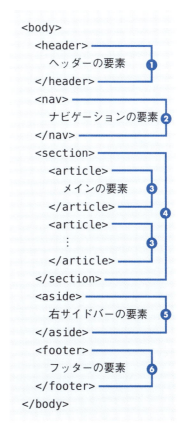

▲日経新聞のトップページを、HTML5の構造化タグを利用して記述すると右のように記述できます。それぞれの構造の役割が明確になり、検索エンジンのより正確な評価が実現します。

HTMLの記述方法

　HTMLはマークによって各要素を意味づけします。その際には、**基本的に開始のマークと終了のマークを利用し、その間に挟まれた要素がマークの意味する要素となります**。例えば、見出しを表す「h1」と段落を表す「p」を利用して、当Sectionのタイトルとその下の導入部分を記述すると以下のようになります。

```
<h1> まずは HTML の基本をおさらいしよう </h1>
<p>SEO 対策で重要になってくるマークアップ方法を解説する前に、HTML 自体を知らない方のために、ここで簡単に HTML の基本を解説しておきます。本書は HTML の書籍ではないため、しっかり学びたい方は HTML の専門書も読むようにしましょう。</p>
```

　マークは「＜＞（半角山形括弧）」で囲み、終了のマークの際にはマークの前に「/（半角斜線）」を記述します。**HTMLでは＜＞で囲まれたマークをタグと呼び、開始のマークは「開始タグ」、終了のマークは「終了タグ」と呼びます**。また、HTMLは基本的に半角で記述するので、特に断りのない場合は、すべて半角で記述します。

■ HTMLファイルの基本構造

　以下はHTML5でWebページを記述した場合の記述例と、ブラウザで表示のされ方です。**対象をテキストエディタで記述し、「.html」などの拡張子で保存してサーバにアップロードすれば、ブラウザを通してすべての人が見られるようになります**。

```
<!DOCTYPE html>
<html>
 <head>
  <meta charset="UTF-8">
  <title>ページタイトル</title>
 </head>
 <body>
  <p> ページ本文 </p>
 </body>
</html>
```

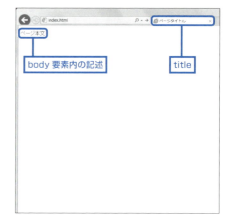

HTMLにおけるSEO対策要素

　HTMLファイルは非常に単純な記述だけでも利用できます。しかし、**検索エンジンに正しく情報を伝え、検索結果に適切な情報を表示し、利用者にしっかりと訪問してもらうために、ほかにも記述すべき要素があります**。例えば、P.122に示した当Sectionのタイトルと導入部分の記述を表示するページを作成する場合は、下のように記述することとなります。本章では、SEO対策において記述すべき要素や、特にSEO対策において重要になる要素に関して、head要素とbody要素に分けて利用時のポイントを解説します。

```html
<!DOCTYPE html>
<html>
 <head>
  <meta charset="UTF-8">
  <meta name="keywords" content="html, 基本 ">
  <meta name="description" content="HTMLの基本の解説です。">
  <title>HTMLの基本</title>
 </head>
 <body>
  <section>
   <article>
    <h1>まずは、HTMLの基本をおさらいしよう</h1>
    <p>SEO対策で重要になってくるマークアップ方法を解説する前に、HTML自体を知らない方のために、ここで簡単にHTMLの基本を解説しておきます。本書はHTMLの書籍ではないため、しっかり学びたい方はHTMLの専門書も読むようにしましょう。</p>
   </article>
  </section>
 </body>
</html>
```

表示が同じでも、SEO対策の効果が異なる場合がある

検索エンジンは、HTMLのタグの種類なども手がかりに内容を把握しています。また、ブラウザ上に表示されない内容でも、SEO対策では重要な場合もあります。

Section 36

Category | 基礎 | **head要素** | body要素

SEO対策でもっとも重要!クリック率も上げる「title」

実際のマークアップ方法の解説の最初は、SEO対策でもっとも重要になるtitle要素についてです。title要素は検索エンジンが重視しているだけでなく、検索結果に表示されるので、検索結果のクリック率にも関わる要素です。

title要素とは?

title要素とは、その名の通り対象のWebページのタイトルとして扱われ、検索結果やブラウザのタブに表示される要素です。

■ title要素の記述方法

title要素はhead要素内に記述する要素で、以下のように開始タグの<title>と終了タグの</title>の間に、ページのタイトルを記述します。

```
<head>
  <title>ここにページのタイトルを記述</title>
</head>
```

■ title要素の特長

title要素は、検索結果のタイトルやブラウザのタブに表示されるだけでなく、さまざまなところで利用される要素です。SNSでシェアされた際のタイトルやソーシャルブックマークのデフォルトのタイトルとしても利用されるので、シェアしやすい内容にするのはもちろん、シェアを見た人の興味をひく内容になっていることも重要です。また、利用者が対象ページの紹介で外部リンクを張る際にも、多くの場合title要素の内容が利用されます。

▲ title 要素は、Google の検索結果にも表示されます。

title要素を記述するときのポイント

title要素が表示される検索結果には、表示される文字数に制限があるので、全角30文字以内で記述するようにしましょう。表示される文字数は、利用する検索エンジンやデバイス、ブラウザなどによって異なりますが、基本的に全角30文字以内にしておけば、ほとんどの場合全体が表示されます。

SEO対策の観点からは、対象ページで対策したいキーワードはすべて入れるようにしましょう。検索エンジンは対象ページの評価時に、title要素に含まれる語句を重視するからです。ただし、いくら対策したいキーワードでも、あまり重複させるとペナルティを受ける可能性があるので、title要素内での語句の重複は避けましょう。

- 全角 30 文字以内
- 対象ページで狙うすべてのキーワードを入れる
- 語句の重複は避ける
- 意味区切りは「｜」「-」「：」のどれかで区切る

■ もう一歩、効果を高めるポイント

title要素は、検索結果やSNSでシェアされた際のタイトルとしても利用されるので、SEO対策の効果を上げる要素としてだけでなく、クリック率を上げるためのキャッチコピーとしての役割もあります。キャッチコピーは、ターゲットの注意をひき、興味を持たせ、行動を起こさせる必要があります。ターゲットの立場に立って、プラス面からtitle要素を作成するのはもちろん、しっかりと対象のページを見るべき説得力のある理由を明示し、それを理解してもらうために、伝わることを重視してtitle要素を作成するようにしましょう。

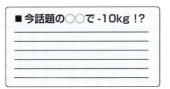

▲利用者の目をひくタイトルをつけましょう。

POINT　SEO対策だけでなくキャッチコピーとしても大切

title要素はSEO対策においてもっとも重要な要素であるとともに、検索結果やシェアを見た人にアクションさせるためのキャッチコピーの役割も担います。

Section 37 クリック率を上げる「description」記述方法

Category / 基礎 / head要素 / body要素

title要素の次は、対象ページの内容の概略を記述する「description」についてです。かつてほどの効果は見込めませんが、現在でも重要な役割を果たすdescriptionを記述する際のポイントについて、しっかりと理解しておきましょう。

descriptionとは?

descriptionとは、検索結果のタイトルの下に表示されるWebページの概略です。

■ descriptionの記述方法

descriptionはhead要素内に、以下のように記述します。

```
<head>
  <meta name="description" content=" ここにページの概略を記述 ">
</head>
```

■ descriptionの特長

descriptionは、head要素内に記述するmeta要素の1つです(meta要素とは基本的に利用者には表示されず、検索エンジンやブラウザに対象ページの設定や概略などの情報を伝えるための要素のことをいいます)。かつてはSEO対策においても重要視されていましたが、現時点ではGoogleの評価基準において、あまり効果はありません。しかし、**検索結果に表示されリンクをクリックするか否かを決める判断基準の1つになるため、クリック率を上げるための要素としては現在でも対策が必要です。**また、検索エンジンはGoogleだけではないので、ほかの検索エンジンに対策し、今後のどのような変化にも対応できるよう、SEO対策のための施策もしておいたほうが良いでしょう。

▲ Google の検索結果における description の表示です。

descriptionを記述するときのポイント

　descriptionはtitle要素と同様に、表示される文字数に制限があります。表示される文字数は、利用する検索エンジンやデバイス、ブラウザによって異なりますが、制限文字数を超えた部分は「...」に置き換えられて省略されます。記述した内容がすべて表示されるようにするには、基本的に全角100文字以内にしておけばほとんどの場合大丈夫です。

　SEO対策の観点からは、対象ページで対策したいキーワードをすべて入れるようにします。ただしこちらもtitle要素と同様で、キーワードの重複はできるだけ避けるようにしましょう。また、キーワードの反映が大変な場合は、descriptionを全ページ分作成する必要はありません。同じ内容のものが多いとマイナスの評価を受けるだけでなく、クリック率も下がってしまうので、descriptionをすべて同じにするよりは、勇気を持ってdescription自体を記述しないほうが良いでしょう。

- 全角100文字以内
- 対象ページで狙うすべてのキーワードを入れる
- すべてのページの description が同じだとマイナス評価につながる

■ もう一歩、効果を高めるポイント

　検索エンジンは、descriptionの内容が適切ではないと判断した場合は、クローラが収集した対象ページの情報を機械的に要約した概略を検索結果に表示します。管理者が意図を持って作成した概略のほうが目的の成果にはつながりやすいので、できるだけdescriptionの内容が表示されるようにしたいところです。

　その方法の1つがキーワードの反映です。タイトルやURLと同様に、概略に検索ワードが含まれていれば、対象のワードは太字で表示されます。検索エンジンは概略の中に検索ワードがあるかを判断しているので、対策キーワードをdescriptionに反映することは、対象のワードの検索結果において用意したdescriptionが表示されることにもつながるのです。

SEO対策より、クリック率を高める効果に期待

現在descriptionは、SEO対策よりクリック率向上の効果のほうが大きいです。しかし、状況は変わるものなのでSEO対策のこともふまえた施策が大切です。

Section 38 SEO対策効果はもうない？「keywords」の注意点

Category / 基礎 / head要素 / body要素

meta要素において、descriptionと同様に「keywords」もSEO対策の効果が期待され、長い間対策が行われてきました。しかしkeywordsは、検索エンジンをだますための手段としてあまりに利用されすぎたため、現在その効果はほとんどなくなっています。

keywordsとは？

keywordsとは、検索エンジンに対象ページで重要になる語句を伝えるために記述するmeta要素の1つです。

■記述方法

keywordsはhead要素内に以下のように記述します。

```
<head>
  <meta name="keywords" content=" ここにキーワードを記述 ">
</head>
```

■keywordsの特長

検索結果に表示されるdescriptionと異なり、基本的にkeywordsはまったく利用者には見えないので、検索エンジンをだますための手段として、キーワードを多量に入れるなどの対策が長い間行われてきました。そのような経緯もあり、Googleはkeywordsをサポート対象のmetaタグに入れておらず、keywordsのSEO対策効果は期待できなくなっています。そのため現在のSEO対策では、対策によるプラスの効果より、過剰な対策によるペナルティに気をつけるほうが大切になっているといえます。しかし、Googleが将来的にkeywordsを評価対象に戻す可能性もゼロではありませんし、何よりGoogle以外のkeywordsを評価対象にしている検索エンジンに対応しておくために、余力があるならば、ペナルティを受けない範囲でしっかりと対策しておきましょう。

keywordsを記述するときのポイント

keywordsを記述する際にもっとも気をつけるべきポイントは、ペナルティ対象にならないようにすることです。そのため、**1つのページで記述するキーワードは、多くても5つ以内に収めるようにします**。あまり多くのキーワードを記述すると、スパム行為と判断され、ペナルティの対象になってしまう可能性があるので注意しましょう。また記述時の注意点として、keywordsに複数の語句を記述する場合は、「,（半角カンマ）」で語句を区切るようにします。

- 1ページにつき5つ以内
- 多くの語句を記述するとペナルティを受ける可能性がある
- 複数キーワード登録時は「,（半角カンマ）」で区切る

以下はkeywords の記述例です。「html」と「基本」の間に「,」を入れ、別キーワードであることを示しています。

```
<head>
  <meta name="keywords" content="html,基本">
</head>
```

■ **もう一歩、効果を高めるポイント**

keywordsは、現在SEO対策効果が非常に小さいだけでなく、ペナルティの対象にされる可能性もある要素です。Google以外の検索エンジンのために対応するのは良いことですが、SEO対策の効果を期待するよりは、ペナルティを受けないようにすることを重視したほうが良いでしょう。**ページごとに設定できず全ページ同じになってしまうぐらいなら、記述しないほうが良いでしょう。**

ペナルティを受けないことを重視する

keywordsのSEO対策効果はほとんどなくなっているので、プラスの効果を期待するより、ペナルティを受けないようにすることを重視しましょう。

Section 39 ページの重要ワードを決める「見出し」作成法

Category　基礎　head要素　body要素

「見出し」はページのコンテンツ内で利用され、その次に続くコンテンツの内容を示します。コンテンツにまとまりを持たせ理解を助けるだけでなく、SEO対策の本では必ず触れられるほど、SEO対策においても非常に重要な要素です。

見出しとは？

見出しとは、利用者が見るコンテンツにまとまりを持たせるための要素です。新聞や本などの「見出し」と同じく、章や節の最初に置かれ、要点をまとめた短い言葉を記述します。Webでは、まとまりの大きさに合わせ6段階の見出しが利用でき、大きい見出しから順番に利用していきます。

■ 記述方法

見出しはbody要素内に以下のように記述します。

```
<body>
  <h1> ここに見出しを記述 </h1>
</body>
```

見出しは6段階あり、もっとも大きな見出しが「h1」、もっとも小さな見出しが「h6」となります。一般的に、見出しが大きいほど、文字も大きく表示されます。

◀ h1 から h6 までの見出しと、通常の段落のブラウザでの表示です。

見出しは大きい順から利用し、大きな見出しの中に複数のより小さな見出しが入るようにします。また、見出しはまとまりを作るためのものなので、見出しだけが続くことがないようにし、見出しのあとには必ず文章や画像などを入れるようにしましょう。

```
<body>
  <h1> 大見出し </h1>
  <h2> 中見出し① </h2>
  <p> 中見出し①に対応した内容 </p>
  <h2> 中見出し② </h2>
  <p> 中見出し②に対応した内容 </p>
</body>
```

○

```
<body>
  <h1> 大見出し </h1>
  <h2> 中見出し① </h2>
  <h2> 中見出し② </h2>
  <h3> 小見出し① </h3>
  <h3> 小見出し② </h3>
</body>
```

×

▲見出しだけが連続して、対応する内容のない右の記述方法は、見出しの使い方として間違っています。

■ 見出しの特長

見出しもかつてはSEO対策において非常に高い効果のある要素でしたが、現在その効果は下がっています。それは、検索エンジンが文章の内容をより正確に把握できるようになってきているので、titleや見出しなどに頼ってページを評価をする必要が低下しているためです。しかし、**現在でもある程度の効果はありますし、また、適切な見出しをつけることで文章がより読みやすくなり、利用者にとってもプラスとなるので、適切に利用するようにしましょう。**

見出しを作成するときのポイント

見出しの役割は、文章にまとまりを作り、そのまとまりの要点を伝えることです。**見出しは単独では利用せず、必ず文章や画像とセットで利用します。**また、SEO対策ばかりを考え、無理なまとまりを作ったり見出しをつけたりすることのないようにしましょう。

- 基本はまとまりを作り、要点を伝えるための「見出し」である
- h1～h3をh1から順番に利用し、対応した内容とセットで記述する
- h1は各まとまりの中に1つだけ記述する
- 利用者にわかりにくく、SEO対策の効果も低下するので20文字以内にする

見出しの種類が多くなるとわかりにくいので、利用するのはh1～h3までの3段階の見出しだけを利用します。見出しはあくまでまとまりごとにつけるものなので、あまり多く登場しても不自然です。1番大きな見出しのh1は、1ページに1つだけとされていますが、HTML5では、headerやsectionなどの構造化タグでくくられた構造ごとにh1を利用できるようになっているので、必ずしも1ページに1つではありません。**基本的にh1は、ページや構造など1つのまとまりの中で1つだけ利用し、乱用しないように気をつけましょう**。また、文字数もあまり長くなりすぎないように、大体20文字を目安に作成するようにしましょう。

見出しに対策したいキーワードを入れるとSEO効果を高められますが、各見出しのタグに入れるキーワードは、以下を目安として入れると良いでしょう。

h1：対象ページで強化したいキーワードのうち、上位3つをすべて入れる
h2：強化したいキーワードを1つずつ入れる
h3：キーワードを入れなくても良い

■ **もう一歩、効果を高めるポイント**

現在でも見出しのSEO効果はある程度以上期待できるので、その効果をしっかりと発揮するために、**見出しは必ずテキストで記述するようにしましょう**。見た目を良くするために、見出しを画像で作成しているWebサイトをよく見かけますが、検索エンジンは画像の中のテキストを把握できないので、見出しはテキストで作成することが大切です。

また、ブラウザの基本設定により、一般的に、見出しを利用すると文字の表示サイズも変化します。そのため、Webサイトを作り出したばかりでCSSを使いこなせないときに、見出しを利用してページのデザインを調整しようとする方を見かけることがあります。そのようなことは、見出しの正しい使い方を妨げ、適切な文章構造を壊してしまい、検索エンジンに正しく情報を伝えられないことにつながってしまうので、あくまでも装飾はCSSで行い、HTMLでは正しい文法に沿って記述を行うように心がけましょう。

見出しはSEO対策だけでなく、文章を読みやすくする

SEO対策は「これさえやれば大丈夫」という段階ではなくなっており、見出しの効果も下がっていくと予想されますが、利用者のためにも適切に利用しましょう。

Column

ちょっと待って！！
HTML5に対応する際の注意点

　HTML5は、2014年に勧告された最新バージョンのHTMLです。新しく作成されるWebサイトはもちろん、既存サイトでもHTML5を利用するのが一般的となってきています。しかし、検索エンジンによってはHTML5のルールにしっかり対応できていないことがあるので、利用には注意が必要です。

■ Bing Webマスターツールの例

　HTML5の大きな特長の1つとして、構造化タグが挙げられます（Sec.35参照）。今までは1ページにつきh1の使用は1つまでとされていたのが、section要素やarticle要素ごとにそれぞれh1～h6まで利用できるようになりました。しかし、section要素やarticle要素ごとにh1を入れ、1ページに複数のh1が入るように記述すると、2016年2月の時点では以下のように、Bing Webマスターツールの「SEOレポート」で修正を推奨されます。

　これからHTML5がスタンダードになり、より多くのWebサイトが対応していくことは間違いありません。しかし、すべてのWebサイトがHTML5に対応するわけではないでしょうし、しっかりと表示されるのならば、HTML5か否かは利用者には関係のないことです。そのため、HTML5を利用していること自体が、SEO対策における重要な評価項目になる可能性は低いといえます。また、検索エンジンによっては新しいルールに対応できていない場合もあるので、HTML5に変わる際に大きくルールが変わったところに関しては、実際にコードに反映するか否かを慎重に判断する必要があります。

Section 40 SEO対策効果を高める「リンク」作成法

Category / 基礎 / head要素 / body要素

「クローラの入り口」と「評価の受け渡し」の役割をする外部リンクと、「クローラの巡回路」と「相対的重要度の指標」となる内部リンクは、SEO対策において非常に重要な要素です。そのリンクのより効果的な記述方法を確認しましょう。

リンクとは?

リンクとは、Webページやファイルを指定し、そこへ移動できるようにしてくれる要素です。複数の文書を結びつけるリンクこそが、WebをWebたらしめているものといえます。

■ リンクの記述方法

リンクはbody要素内に以下のように記述します。リンクはテキストだけでなく画像などにも張ることができ、ページ以外にも対象ページの特定の場所やさまざまなファイルを、リンク先として指定することもできます。

```
<body>
  <a href=" リンク先のURL"> リンクを張るテキストや画像を記述 </a>
</body>
```

■ リンクの特長

これまでリンクはSEO対策において非常に重要な役割を果たしてきました。近年その効果はほかの要素と同様に薄れてきてはいますが、やはり現在でも重要な対策要素であることは変わりありません。

リンクの価値や効果は、リンク元となるWebサイトの扱っている分野や検索エンジンからの評価などによって変わってきますが、それ以外にもリンクが張られるテキストの内容によっても変わってきます。ここでは、リンクを張るテキストの書き方などを含めた、リンクの記述方法を理解しましょう。

リンクを作成するときのポイント

　リンクが張られているテキストはアンカーテキストと呼ばれます。**検索エンジンは画像の中にあるテキストを認識できないので、基本的にリンクはテキストに張るようにします**。その際には、アンカーテキストにリンク先のコンテンツが狙うキーワードを入れるようにしましょう。

　検索エンジンは、アンカーテキストの内容から、そのリンクが何に対して張られたリンクかを判断し、対象の内容を表すキーワードにおける検索順位に反映します。例えば、「Yahoo!JAPAN」が18歳未満の内容をまったく扱っていないのに、「18歳未満」の検索結果で上位に表示されてしまうのは、多くの成人向けサイトにおいて、「18歳未満」というアンカーテキストからリンクを張られているからです。

- リンクは極力テキストに張る
- アンカーテキストにはリンク先のページで対策したいキーワードを入れる

■ もう一歩、効果を高めるポイント

　どうしても広告やボタンなどで画像にリンクを張りたい場合は、次のSectionで解説するalt属性を画像に記述するとともに、リンクにはtitle属性を記述して、その中にしっかりとリンク先のキーワードを入れるようにしましょう。

```
<head>
 <a href="http://funmaker.jp/" title="htmlの基本">
  <img src="http://funmaker.jp/img.jpg" alt="htmlの基本へのリンク">
 </a>
</head>
```

▲画像にリンクを張り、リンクにはtitle属性、画像にはalt属性によってキーワードを反映した例です。

リンクはテキストに張り、キーワードを入れる

検索エンジンはリンクが何に対して張られたものかをアンカーテキストをもとに判断するので、SEO対策のために張るリンクはテキストに張るようにしましょう。

Section 41 利用者に配慮し、SEO対策効果も高める「画像」

Category | 基礎 | head要素 | body要素

基本的に検索エンジンは画像の内容を認識できないので、「画像」ばかりで構成されたページの評価はなかなか上がりません。どうしても画像を利用する必要がある場合は、どのようにしたらSEO効果を上げることができるのでしょうか。

 画像とは？

ここでいう「画像」とは、Web上で利用される画像のうち、HTMLに記述される画像を指します。そのため、コンテンツの中に表示される写真などの画像はもちろん、見出しやリンクとして利用する画像に関しても対象としますが、アイコンなどのようにCSSを利用して指定され、HTMLの記述に反映されない画像は対象ではありません。

■ 記述方法

画像はbody要素内に以下のように記述します。利用する際は、「http://funmaker.jp/img.jpg」のところを表示したい画像のURLに置き換えます。

```
<body>
  <img src="http://funmaker.jp/img.jpg" alt=" 画像の内容 ">
</body>
```

「alt="画像の内容"」の部分はalt属性と呼ばれ、HTML5以前では必ず記述すべき属性でしたが、HTML5以降では省略しても問題はありません。しかし、**alt属性は通信状態やブラウザによって画像が表示されない場合に表示され、どのような画像を表示したかったかを利用者に伝える手段になるとともに、目の不自由な方が利用する音声ブラウザで読み上げられるテキストにもなる**ので、できるだけわかりやすく画像の内容を伝える内容を入力するようにしましょう。

■ **画像の特長**

　SEO対策の観点から考えると、検索エンジンは画像の内容を認識できないのでコンテンツ内で画像を利用することは無駄であり、**大事な見出しやリンクを画像で作成することはマイナスにも働く行為です**。しかし、Webサイトの成果はSEO対策だけで決まるものではありません。見た目が悪かったり使いにくかったりするWebサイトは、利用者に敬遠され、思い通りの成果を上げられないのも事実です。また、検索エンジンが内容を評価できなかったとしても、見栄えが良く使いやすければ、利用者が紹介してくれるようになり、外部リンクが集まることで、結果的にSEO対策の効果が高まることにもつながります。

　SEO対策は検索エンジンを理解することも大切ですが、利用者があってのWebサイトなので、常に利用者のことも考えて対策をしていくことが大切です。検索エンジンも利用者を向いたサービスなので、利用者のことを考えることが、最終的にSEO対策にもつながっていきます。

画像を利用するときのポイント

　画像を利用する際には、必ずテキストで表現できないか考えるようにしましょう。例えばボタンも、テキストで作成したリンクの背景にボタンの画像を表示させることで、意図したアンカーテキストを記述することもできます。SEO対策においては、見た目や機能がそこまで変わらないなら、画像ではなくテキストを利用することが大切です。

　どうしても画像を利用する場合は、しっかりalt属性を利用して、画像の内容やその画像の果たす役割を全角20文字以内で明記するようにしましょう。例えば写真などの場合はその写真を検索してほしいキーワード含む短文にすれば、検索エンジンの画像検索などで表示されるようになります。また、見出しやリンクを画像にした場合は、画像内のテキストを入れれば、検索エンジンに画像内のテキスト情報を伝えられます。ただし、目の不自由な方が利用していることも考慮して、SEO対策に走りすぎず、画像を表現するわかりやすい内容にすることを心がけましょう。

- 利用する前に、必ずテキストで表現できないか考える
- 画像を利用する際には、alt属性を必ず入れる
- alt属性はキーワードの羅列ではなく、画像の内容や役割を伝える短文にする

■ もう一歩、効果を高めるポイント

　alt属性ほどの効果は期待できませんが、画像に説明文（キャプション）をつけることも、検索エンジンに画像の内容を伝える助けとなります。

```
<body>
 <figure>
  <figcaption>ここにキャプションを記述</figcaption>
  <img src="http://funmaker.jp/img.jpg" alt="画像の内容" width="720" height="540">
 </figure>
</body>
```

　上記のように、img要素をfigure要素で囲い、その中にfigcaption要素とともに記述して、画像のキャプションを追加します。なお、figure要素とは説明文のついた写真や図、表、動画などを表す要素であり、figcaption要素とは、figure要素内の説明文を記述するための要素です。**画像を利用する際は、サイズを必要最小限にするとともに、保存形式も最適なものにし、できるだけデータサイズを小さくすることも大切です**。Sec.33のコラムでも触れましたが、Webサイトにアクセスしてからそのページの内容が表示されるまでにかかる時間は、SEO対策やユーザビリティにおいて重要な要素の1つであり、この表示速度を遅くする最大の要因が、利用する画像のデータサイズなのです。

　またSEO対策とは異なりますが、width要素とheight要素で画像の幅と高さも指定するようにしましょう。幅と高さを指定しておけば、画像が表示されるまでに時間がかかってもレイアウト崩れが生じなくなり、ユーザビリティが上がります。

```
<img src="http://funmaker.jp/img.jpg" alt="画像の内容" width="720" height="540">
```

▲画像の幅を720px、高さを540pxに指定した場合。width属性とheight属性は整数値で指定し、単位はピクセルとなります。

 テキストが基本なので、画像利用は極力避ける

検索エンジンは画像の内容を認識できません。また、目が不自由で画像の内容を把握できない方もいるので、大事な要素はテキストで表現するようにしましょう。

Column 画像を利用したほうがSEO対策の効果が上がる！？

　ここまで常にSEO対策のためには画像ではなく、テキストを利用するように解説してきましたが、実は画像を利用したほうがSEO対策の観点からより高い効果を期待できる場合もあります。ここでは、画像を利用したほうが高い効果を期待できる場合について簡単に触れておきます。

■ 不要な情報の重複を避ける場合

　会社情報やお問い合わせ情報、または特定商取引法の表記を、すべてのページのヘッダーやフッター、サイドバーに掲載する場合があります。このような場合、すべてのページのコンテンツに会社や店舗、お問い合わせ、特定商取引法などの情報が含まれた状態で評価されるようになってしまうため、それぞれのページでの対策を考えるとマイナスになってしまうことがあります。そのようなことを避ける方法として、会社や店舗情報、お問い合わせ情報などを画像で作成し、反映することがあります。ただし、HTML5からは構造化タグを利用することで、メインの要素とそれ以外の要素を検索エンジンに伝えられるようになっているので、そこまで神経質になる必要はありません。

■ キーワード出現率を調整する場合

　検索エンジンの先進国であるアメリカの言語である英語と大きく異なる日本語では、まだキーワードの出現率はSEO対策において考慮すべき項目の1つで、実際にキーワードの出現率を変更するとしっかりとその効果が確認できます。そしてこのキーワード出現率の調整時にも、画像を利用できます。どうしても対策対象ではないキーワードが多く出てきてしまう場合は、そのキーワードを画像にしてしまい、その画像を反映すれば出現率を下げられるのです。しかし、基本的には検索エンジンは文脈を解釈する方向に進化していっていますし、日本も早晩欧米の状況に近づいていくと推測されるので、将来的には効果がなくなるでしょう。また、一部が画像になっている文章は内容が通らない文章として評価が下がってしまうリスクもあるので、このような手法はあまりお勧めしません。

Section 42 検索エンジンに「重要性」を伝えるstrong要素

Category 基礎 head要素 body要素

これまでのSEO対策で必ず語られてきたstrong要素についても触れておきましょう。基本的に現在のSEO対策では小手先の対策の効果は小さくなってきており、このstrong要素においても同様のことがいえます。

strong要素とは？

strong要素とはHTMLにおいて重要性を示すための要素で、HTML5になる前は対象としたテキストは太字になりました。HTML5からはそのテキストが重要であることを伝える役割のみを担い、必ずしも太字にはなりませんが、基本的にほとんどのブラウザで太字で表示されるように設定されています。

■ 記述方法

strong要素はbody要素内に以下のように記述します。HTML5では、strong要素の中にstrong要素を入れることで重要度の強さを変えることもできるようになっています。

```
<body>
  <p> 文の通常部 <strong> 重要な部分 </strong> 文の通常部。</p>
</body>
```

■ strong 要素の特長

「正しいHTMLの文法で書かれたコンテンツ」＝「利用者にとって価値のあるコンテンツ」は成立しません。HTMLの知識があれば、利用者にとって価値のある情報がなくても正しい文法のコンテンツは作成できますし、逆もまた然りです。検索エンジンもそのことを理解しており、見出しやstrong要素の内容に頼らず、コンテンツの内容でWebページを評価しようとしており、マークアップのSEO対策の効果は下がってきています。しかし、検索エンジンはまだコンテンツの内容を完全には評価できないので、現時点ではSEO対策のためにも正しくマークアップする必要があるのです。

strong要素を利用するときのポイント

strong要素は、検索エンジンにページ内における相対的な重要度を伝えるために利用するので、多用すれば結局利用しないのと同じことになってしまいます。**1ページ当たり数回程度にし、10回も20回も繰り返して利用することのないようにしましょう。**

また、文章を対象にすることもできますが、SEO対策の観点からは対象ページで対策したいキーワード（単語）に対して利用したほうが高い効果が期待できます。基本的には、meta要素のkeywordsに記述したキーワードと同じものを対象に利用するのが良いでしょう。また、見出しはそれ自体が重要な要素と判断されているので、その中でstrong要素を利用するのは過剰であり、避けたほうが良い利用方法です。

- 多用しない。1ページ当たり数回程度にとどめておく
- meta 要素の keywords に記述したキーワードと同じものを対象にする
- 見出しの中での利用は避ける

■ もう一歩、効果を高めるポイント

strong要素と混同して利用されがちな要素として、HTMLではb要素、em要素、mark要素などがあります。b要素は太字、mark要素はハイライトの効果を付加するだけであり、重要度を伝える機能はないので、CSSで置き換えられるSEO対策には関係のない要素です。一方、em要素は表示が斜字になるだけでなく、文のどこに重きを置いているかを伝え、文の意味を変えるために利用します。strong要素との違いがわかりにくいと思いますが、**SEO対策で対策キーワードを検索エンジンに伝えるためには、文意を変えないstrong要素を利用するのが適しています。**

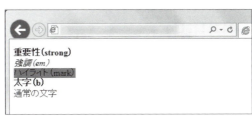

▲ Internet Explorer における、それぞれの要素の表示です。

 乱用せずに、検索エンジンに正しく伝える方針で利用する

どんなにstrong要素を上手に使ったとしても得られる効果は限定的なので、乱用してペナルティを受けることのないよう、適切な利用を心がけましょう。

Section 43 検索エンジンに誤解させない「リスト」活用法

Category / 基礎 / head要素 / body要素

HTMLをしっかり理解していない方が作ったWebサイトでは、見た目には問題がなくても、利用しているタグがおかしくペナルティの対象になってしまう可能性をはらんでいる場合があります。ここではその代表例として、「リスト」について解説します。

 リストとは？

　リストとは、その名の通りリストを記述するための要素で、順番の関係ない「順不同リスト（ul）」、順番の関係ある「番号付きリスト（ol）」、用語の定義などに利用する「定義リスト（dl）」があります。定義リストは用語と説明をセットにして記述し、例えば「SEO」という用語に対して「Search Engine Optimizationの略。」という説明を一緒に記述します。リストはbody要素内に左下のように記述し、それぞれが右下のように表示されます。リストはそれぞれ表示形式が決まっていて、調整するにはCSSを利用します。

```
<body>
 <ul>
  <li>順不同リスト①</li>
  <li>順不同リスト②</li>
 </ul>
 <ol>
  <li>番号付きリスト①</li>
  <li>番号付きリスト②</li>
 </ol>
 <dl>
  <dt>定義リスト（用語）①</dt>
  <dd>定義リスト（説明）①</dd>
  <dt>定義リスト（用語）②</dt>
  <dd>定義リスト（説明）②</dd>
 </dl>
</body>
```

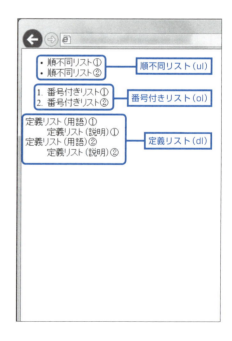

リストを活用するときのポイント

　本来ならリストを使うべきところで、通常の段落と改行を代用している方をよく見かけます。筆者がHTMLを学んでいたとき、「順不同リストや番号付きリストではリストの前に余白が入るので、それが嫌なら通常の段落と改行を利用しなさい」と教えられたほど、リストを段落で代用する方法は一般化しています。

```
<body>
  <ol>
    <li>番号付きリスト①</li>
    <li>番号付きリスト②</li>
  </ol>
</body>
```

```
<body>
  <p>1.番号付きリスト①<br>
  2.番号付きリスト②</p>
  <p>　1.番号付きリスト①<br>
　  2.番号付きリスト②</p>
</body>
```

▲番号付きリストによる記述とその表示（上）と、通常の段落と改行を利用したの記述とその表示（下）です。全角スペースなどを利用することで、簡単にリストの前の余白も作れるので、多くの方が段落と改行のセットを利用しています。

　しかし、リストの部分は文章になっておらず、多くの似たような単語が並ぶ傾向があるので、段落と改行で記述すると、「対策キーワードの出現率を上げるためにキーワードを羅列する」という、かつて横行したSEO対策の裏ワザと見分けがつかず、ペナルティの対象にされてしまう可能性があります。あらぬ疑いをかけられないように、余白はCSSで調整し、リストで記述すべきところは、しっかりとリストを利用して記述しましょう。

検索エンジンに誤解されないようにする

キーワードの羅列と誤解されないように、リストで記述すべきところはしっかりとリストを利用して記述するようにしましょう。

Section 44 検索結果のクリック率を上げる「リッチスニペット」

Category | 基礎 | head要素 | body要素

マークアップの解説の最後に、検索エンジンにより詳しい情報を提供し、検索結果に表示される情報をより詳しく豊かにすることで、検索結果のクリック率を高めるための方法として、リッチスニペットの利用を解説します。

リッチスニペットとは？

リッチスニペットとは、検索エンジンの検索結果に通常表示される情報に加えて表示される、対象のWebページの付加情報のことを指します。

■検索結果に表示される要素

一般的に、検索結果には対象ページのタイトル（title）とURL、概略（description）の3つの項目が表示されますが、商品や人物、レストランなどを紹介するページでは、指定をすることで、価格や評価、肩書など、さまざまな情報を追加して表示させることができます。

価格.com - ニコン D4S ボディ 価格比較
kakaku.com/item/K0000626624/ ▼
★★★★★ 評価: 4.8 - 53 件のレビュー - ￥519,784~ ￥750,042
2014/03/06 - ニコンFXフォーマットデジタル一眼レフカメラのフラッグシップモデル。ニコン D4S ボディ全国各地のお店の価格情報がリアルタイムにわかるのは価格.comならでは。製品レビューやクチコミもあります。
D4S ボディのクチコミ掲示板 - 満足度4.86 - ニコン D4S ボディスペック・仕様

▲ Nikon 製カメラの検索結果です。評価と価格などの情報が表示されています。

■リッチスニペットを利用するときのポイント

リッチスニペットを表示させるにもいくつかの方法がありますが、検索エンジン大手のGoogleとMicrosoft、Yahoo!がウェブの改善を目的とし、構造化データのマークアップの共通仕様を策定する取り組みとして進めているSchema.orgが定義しているmicrodataを利用する方法が良いでしょう。ただし、microdataは基本的にHTML5での使用を前提としていますので、HTML5で記述されているページで利用しましょう。

リッチスニペットの利用方法

リッチスニペットを表示させるためには、HTML5で作成したコンテンツの中に、microdataの記述を追加する必要があり、ある程度の知識と手間が必要です。実際に対応する場合は、GoogleのSearch Consoleの「構造化データ マークアップ支援ツール」という機能を使って対応することをお勧めします（Sec.57参照）。ここでは、実際にmicrodataはどのように記述するのか、簡単に確認しておきましょう。

■ リッチスニペットを表示できる分野

リッチスニペットは、「イベント」「ソフトウェア アプリケーション」「テレビ番組のエピソード」「レストラン」「商品」「地域のお店やサービス」「映画」「書評」「記事」などの分野を扱っているページに関して表示することができます。

■ microdataの記述方法

microdataを記述するには、「itemscope」でmicrodataの利用を宣言するとともに、「itemtype」でmicrodataの種類を指定し、それぞれの要素が何を示しているのかを「itemprop」を用いて指定していきます。例えば商品のレビューで、100点中100点のレビューを記述する場合は、以下のようになります。

```
<div itemscope itemtype="http://schema.org/Review">
 <span itemprop="bestRating">100</span> 点満点中
 <span itemprop="ratingValue">100</span> 点と評価した。
</div>
```

microdataを利用していることを宣言しているのが1行目の「itemscope」の部分であり、内容がレビューであることを「itemtype」で示しています。内容がレビューでなく個人の場合は「itemtype="http://schema.org/Person"」とURLの末端が変わり、同様に、団体の場合は「Organization」、催事の場合は「Event」、商品は「Product」、書籍は「Book」のように変化します。そして、点数部分は満点を「itemprop="bestRating"」、実際の評価点なら「itemprop="ratingValue"」で指定します。この2つの点数を入れることで、検索エンジンに対して、レビューが100点満点中100点だったと伝えることができるのです。

このような記述を作っていき、最終的に入れ子構造を利用すれば、例えば「A氏は、AndValue株式会社のFunMakerを、100点満点中100点と評価した。」という情報は、以下のように記述できます。

```html
<div itemscope itemtype="http://schema.org/Review">
 <span itemprop="author" itemscope itemtype="http://schema.org/Person">
  <span itemprop="name">A氏</span>
 </span> は
 <span itemprop="itemreviewed" itemscope itemtype="http://schema.org/Product">
  <span itemprop="manufacturer" itemscope itemtype="http://schema.org/Organization">
   <span itemprop="name">AndValue株式会社</span> の
  </span>
  <span itemprop="name">FunMaker</span> を、
 </span>
 <span itemprop="reviewRating" itemscope itemtype="http://schema.org/Rating">
  <meta itemprop="worstRating" content="0">
  <span itemprop="bestRating">100</span> 点満点中
  <span itemprop="ratingValue">100</span> 点と評価した。
 </span>
</div>
```

下から5行目の記述は、最低点が0点でありマイナス点などがないことを検索エンジンに伝えるために、リッチスニペットとして表示されないmeta要素として追記しています。作成したmicrodataは、Googleの「Structured Data Testing Tool」(https://developers.google.com/structured-data/testing-tool/) で間違いがないかチェックできます。

検索結果を充実させ、クリック率を向上させる

検索結果には、ページの内容によっては画像や評価、住所、電話番号などさまざまな情報を表示させられるので、ぜひチャレンジしてみましょう。

第6章

Search Consoleで効率的な管理!

Section 45 ▶ 非常に便利! Search Consoleを利用する
Section 46 ▶ URLを統一して評価を集中させる
Section 47 ▶ GoogleにWebサイトの情報を伝える
Section 48 ▶ Google アナリティクスと連携してより便利に利用する
Section 49 ▶ Webサイト運営のスタート! 評価を確認する
Section 50 ▶ SEO対策状況を確認してWebサイトの完成度を高める
Section 51 ▶ 利用状況を確認してアクション率を高める
Section 52 ▶ robots.txtが機能しているか確認する
Section 53 ▶ HTMLの重要要素をチェックする
Section 54 ▶ セキュリティ上の問題を確認する
Section 55 ▶ モバイルユーザビリティを確認する
Section 56 ▶ ペナルティの確認と再審査リクエスト
Section 57 ▶ 検索結果の表示を変えてクリック率を上げる
Section 58 ▶ ネガティブSEO対策に対抗する
Section 59 ▶ Webサイトの移転をGoogleに知らせる

Section 45 非常に便利! Search Consoleを利用する

Category 登録・設定 / 確認 / 対応

2015年の5月20日に、10年以上親しまれ利用されてきた「Google ウェブマスターツール」の名前が、「Google Search Console」に変更されました。Webサイトの管理者にとって必須のツールとなるので、しっかり使いこなせるようになりましょう。

Google Search Consoleとは?

　Google Search Console（以下「Search Console」）とは、Googleの検索結果でのWebサイトのパフォーマンスを監視、管理できる、Googleが提供する無料サービスです。登録することで管理するWebサイトがGoogleにどのように認識されているかを確認できるので、検索結果でのパフォーマンスを最適化できるようになります。

　Bingも同様のことができるBing Webマスターツールというツールを無料で提供していますが、日本の検索結果の90%以上にGoogleの検索結果が反映されていることを考えると、まずはSearch Consoleを使いこなせるようにし、Bing Webマスターツールは Bingや、Search Consoleの情報の確認のために補完的に利用しましょう。

Search Consoleの初期設定

　ここでは初期設定として、問題にすぐ対応できるように、ペナルティなどをメールで知らせてくれるメールの設定と、メインターゲットへの効率的なアクセスを可能にするターゲットとする国の設定方法を解説します（登録方法はSec.26参照）。

Bing Webマスターツールでの設定

Bing Webマスターツールでは、「プロファイル」の「連絡先設定」から、アラートの受信や受信内容を設定できます。また、「ジオターゲティング」を利用することで、ドメイン全体、サブドメイン、ディレクトリ、さらにサイトの個々のページと、Search Consoleより詳細にターゲットユーザーの地域を設定できます。ジオターゲティングは、管理画面左のリストの＜自分のサイトの設定＞→＜ジオターゲティング＞から利用できます。

■ メールの送信設定

❶ ブラウザから「https://www.google.com/webmasters/tools/?hl=ja」にアクセスしてログインし、設定するWebサイトを選択します。

❷ 画面右上の ✿ →＜Search Consoleの設定＞をクリックして設定画面を開きます。＜メール通知を有効にする＞をクリックしたら、「タイプ」「メール」を設定し、＜保存＞をクリックします。

■ ターゲットユーザー地域の設定

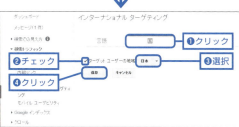

❶ Search Consoleのメニューから＜検索トラフィック＞→＜インターナショナル ターゲティング＞をクリックします。

❷ ＜国＞をクリックし、「ターゲット ユーザーの地域」のチェックボックスにチェックを付けて、プルダウンから適切な国を選択し、＜保存＞をクリックします。

管理を楽にし、効果を高める初期設定

まずは、管理を楽にするためにメールが自動で送信されるように設定し、また適切なターゲットに情報が届くようにターゲットとする国を設定しておきましょう。

Section 46 URLを統一して評価を集中させる

Category 登録・設定 確認 対応

Sec.29では、301リダイレクトを利用したURLの正規化の方法を紹介しました。こちらではSearch Consoleを利用した方法を紹介します。専門的な知識を必要とする301リダイレクトがわからない方は、まずはこちらから始めましょう。

 ## URL統一を申請する意義と注意点

URLを統一することは、検索エンジンに重複コンテンツとして評価を下げられたり、正規のURLをインデックスしてくれなかったりする危険を避けられる意義があります。また、外部リンクの張り先を統一し、外部リンクの効果を集中させる効果も期待できます（Sec.29参照）。

■ 検索エンジンに申請する方法の欠点

Search Consoleなどを利用して検索エンジンにURLの統一を申請する方法は、専門知識を必要とせず簡単ですが、以下の2つの欠点があります。

- 外部リンクが非正規のURLに張られる可能性がある
- 申請先以外の検索エンジンに指示が認識されない可能性がある

1つ目は、検索エンジンにしか伝わらないので、外部リンクが非正規のURLに張られる可能性が残ることです。もちろん、外部リンクをある程度集中させることはできますが、やはり非正規のURLに外部リンクが張られる行為を完全に避けることはできません。2つ目は、直接申請した検索エンジンにしか指示が伝わらず、ほかの検索エンジンには認識されないことです。Search Consoleを利用することで現在なら日本の90%以上の検索結果に申請内容を反映できますが、残りの10%弱には指示が伝わりません。検索エンジンに申請する方法は簡易的な方法と理解し、できるだけSec.29で解説している「.htaccess」ファイルによる301リダイレクトを利用する方法を実行しましょう。

Search Consoleへの申請方法

Search Consoleでは、「www」ありとなしのURLを簡単に統一できます。統一を申請するには、Search Consoleに正規のURLだけでなく、非正規のURLも登録することから始めます。ここでは、「www」なしをありに統一します。

❶ Search Console にログインしたら、管理画面右上の＜プロパティを追加＞をクリックし、統一したい正規 URL と非正規 URL を登録します（登録方法は Sec.26 参照）。

❷ 登録が終了すると管理画面が表示されます。非正規の URL をクリックし、✿→＜サイトの設定＞をクリックします。

❸ 「サイトの設定」画面が開くので、「使用するドメイン」から正規 URL をクリックして選択し、＜保存＞をクリックすれば完了です。

検索エンジンへの申請は、あくまで簡易的手段

URLの正規化を検索エンジンに申請しても、外部リンクの分散は防げません。また、申請した検索エンジン以外へは対応できないので注意が必要です。

Section 47 GoogleにWebサイトの情報を伝える

Category 登録・設定 確認 対応

Sec.30で解説した、クローラが回ってくるまでの時間を短縮し、抜け漏れなく情報を伝えるのに重要なXMLサイトマップのSearch Consoleへの登録方法について、ここでしっかりと確認しておきましょう。

XMLサイトマップの登録方法

　XMLサイトマップを登録すると、より早くWebサイトの更新情報を検索エンジンに伝えられるので、クローラが回ってくるまでの時間が短くなるとともに、抜け漏れなく情報を収集してもらえるようになります。ここではSearch Consoleへの登録方法を解説します（XMLサイトマップを自分で作成する方法はSec.30、Web上の無料ツールで作成する方法はSec.74、Bing Webマスターツールへの登録方法はSec.26参照）。

❶ Search Consoleにログインし、管理画面に表示される登録サイトから、XMLサイトマップを登録したいWebサイトをクリックします。

❷ メニューから＜クロール＞→＜サイトマップ＞をクリックし、「サイトマップ」画面を表示します。

❸ 画面右上の＜サイトマップの追加/テスト＞をクリックします。

❹ URLを入力するテキストボックスが表示されるので、XMLサイトマップを公開したURLを入力し、＜サイトマップを送信＞をクリックします。

❺ サイトマップが送信されたら、＜ページを更新する＞をクリックします。

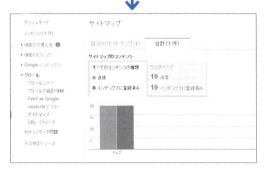

❻ サイトマップが正常に送信され登録されれば、グラフなどの情報が表示され、サイトマップとGoogleが認識しているWebページ数（インデックス数）の関係などが確認できるようになります。

Webサイトを登録したら、必ずXMLサイトマップを登録

XMLサイトマップは、なかなかクローラの巡回して来ないWebサイト登録直後の時期にこそ大きな力となるので、できるだけ早く登録しましょう。

Section 48

Category 登録・設定 確認 対応

Google アナリティクスと連携して より便利に利用する

Webサイトの改善作業をしていく際に必ず必要になる「Google アナリティクス」。無料で非常に便利なこのツールをより便利に使えるようにするために、Search Consoleに登録したらすぐにGoogle アナリティクスとも連携させておきましょう。

Google アナリティクスとは？

　Google アナリティクスとは、Googleが提供する無料で使える非常に高性能なアクセス解析ツールです。Webサイトへの訪問者のデータを収集でき、問題点を洗い出す際に大きな力を発揮するので、Webサイトの改善作業には必須のツールとなります。

　Google アナリティクスはSearch Consoleと連携させることで、より詳細な分析ができるようになるので、Search Consoleを導入したら必ずGoogle アナリティクスとも連携させるようにしましょう。ここでは連携方法を紹介するので、Google アナリティクスを導入していない方はSec.77を参照してください。また、利用方法やそのデータの分析の仕方は、前著「SEO対策のためのWebライティング実践講座」で解説しているので、ご興味のある方はそちらをご確認ください。

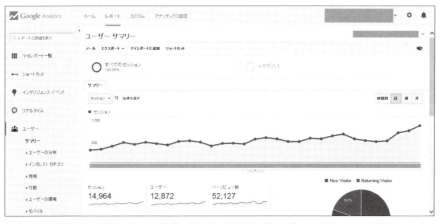

▲ Google アナリティクスのサマリー画面です。利用者に関するさまざまなデータを詳細に取集できるので、Webサイトを改善する際に大きな力となります。

Google アナリティクスとの連携方法

以下の作業を行うためには、Google アナリティクスへの登録が必要となります。登録が終了していない場合は、Sec.77を参考に登録作業を行いましょう。

❶ ブラウザから「Google アナリティクス」(https://www.google.co.jp/intl/ja/analytics/) にアクセスし、＜ログイン＞をクリックしたら、Google アナリティクスのアカウント情報を入力してログインします。

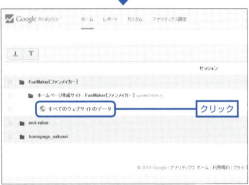

❷ Google アナリティクスのホーム画面が表示されます。登録しているWebサイトの一覧から、Search Console と連携させる Webサイトをクリックして選択します。

❸ 「レポート」画面が開くので、画面右上の＜アナリティクス設定＞をクリックし、「アナリティクス設定」画面を開きます。中央の「プロパティ」列にある＜プロパティ設定＞をクリックします。

❹ 設定画面が表示されたら、画面下方にある＜Search Consoleを調整＞をクリックします。

❺ 画面下方にある「Search Consoleの設定」の＜編集＞をクリックします。

❻ 新しいタブでSearch Consoleの設定画面が表示されるので、連携したいWebサイトをクリックして選択し、＜保存＞をクリックします。

❼ 確認画面が表示されるので、＜OK＞をクリックします。

❽ 新しいウィンドウで Search Console が表示されます。連携が正常にできていれば、対象の Web サイトの横に Google アナリティクスと連携されたメッセージが表示されます。

❾ ウィンドウを Google アナリティクスに切り替え、手順❺の画面を表示したら、＜完了＞をクリックします。

❿ 連携が正常に完了していれば、「Search Console の設定」で連携させた Web サイトの URL が表示されるようになります。

最初に必ず、Google アナリティクスとも連携させる

Search Consoleと連携させないと取得できないデータもあるので、できるだけ早い段階でGoogle アナリティクスと連携させておきましょう。

Section 49

Category 登録・設定 / 確認 / 対応

Webサイト運営のスタート！評価を確認する

Search Consoleへの登録と設定が終了したら、次は実際にWebサイトの評価や状況、HTMLコードなどの確認をします。確認作業の最初として、Googleにしっかりとwebサイトが認識されているかを確認しましょう。

インデックス状況を確認する

　SEO対策の第一歩は検索エンジンにインデックス化されることです。検索エンジンに認識されていなければ、どのような対策をしても意味がありません。Search Consoleに登録したら、まずは検索エンジンによるインデックス化の状況を確認し、もしインデックス化されていないページがあれば、その原因を確認しましょう。

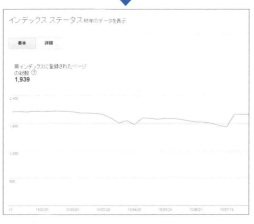

❶ Search Consoleにログインし、対象となるWebサイトのダッシュボードを開いたら、メニューから＜Google インデックス＞→＜インデックス ステータス＞をクリックします。

❷ 過去1年におけるインデックス化されたURLの総数が折れ線グラフで表示されます。なお、オリジナル指定されていない重複ページや、インデックス化しないように指示しているページなどのURLが除かれるため、クロール済みのURLの数よりも大幅に少なくなる傾向があります。

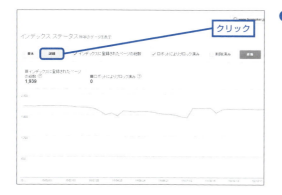

❸ ＜詳細＞をクリックすると、robots.txtファイルでブロックしたURLや、＜Googleインデックス＞→＜URLの削除＞から利用できる「URL削除ツール」を利用して削除したURLが、インデックス化の対象から外されているか確認できます。

　Webサイトを作り始めたばかりの頃は、インデックス ステータスのレポートが、GoogleがWebサイトを認識しているかを確認する手段になります。認識されだしたら件数を確認し、少ない場合は、Sec.07～09を参考にインデックス化されない原因を突き止めて対応しましょう。反対に多い場合は、正規化や重複コンテンツのオリジナル指定が機能していない可能性があるので、Sec.29を参考に対応しましょう。

　その後も定期的にグラフを確認し、急激な変化がある場合は対応します。例えば急に減少した場合は、サーバがダウンしているか過負荷の状態、またはGoogleがWebサイトのコンテンツにアクセスできない状態となっている可能性があります。しっかりと更新し正常に機能しているWebサイトの場合は、グラフは時間の経過につれて着実に上昇していくので、右上がりにならない場合は、何かしら対応を検討する必要があります。なお、Bingのインデックス状況を確認する場合は、Bing Webマスターツールの＜レポート＆データ＞→＜インデックス エクスプローラー＞から確認できます。

 簡易的なインデックス数の確認方法

Google以外の検索エンジンのインデックス数は、Googleとはまた別にチェックしなければなりません。「site:」コマンドを使うと、それぞれの検索エンジンの状況を簡単に確認できます。検索エンジンの検索ボックスに「site:特定のURL」を入力して検索すれば、対象の検索エンジンがインデックス化しているページが一覧表示されます。「site:」の部分を「info:」に変えれば、対象のURLがインデックス化されているかを確認することもできます。

クロールエラーを確認する

インデックス数が少ない場合は、まずクローラの巡回状況を確認します。

■ サイトエラーを確認する

まず確認するのは、Webサイト自体の状況です。Webサイト自体に問題があり、クローラがアクセスできない場合は、迅速な対応が必要です。

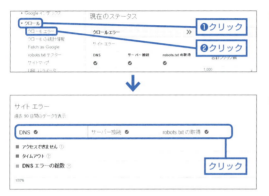

❶ Search Console のメニューから<クロール>→<クロールエラー>をクリックします。

❷ クロールエラーのページが表示されます。< DNS ><サーバー接続>< robots.txt の取得>をそれぞれクリックし、グラフを確認します。

各エラーは、以下に当てはまる状況の発生回数を試行回数で割った割合として、日別の折れ線グラフで表示されます。このうち、「DNS」と「サーバー接続」のエラーは利用者にも同様の影響が出ている可能性があるので、100%になっている場合や頻発する場合は迅速な対応が必要です。「DNSエラー」の場合は、トップページをFetch as Google（Sec.26参照）で申請して取得されなければ、GoogleのクローラがWebサイトにアクセスできていないと判断できるので、利用しているDNSプロバイダに確認しましょう。サーバーエラーの場合は、Sec.33のコラムやSec.75を参考にページの表示負荷を減らし、それでも解消されない場合は、利用しているサーバのサポートサービスに相談しましょう。

```
DNS           ：DNSサーバと通信できない
サーバー接続   ：リクエストがタイムアウトになったか、Webサイトで
                Googleのクローラがブロックされている
robots.txtの取得：robots.txtにアクセスできなかった
```

■ URLエラーを確認する

Webサイト自体に問題がない場合は、個別のページの状況を確認します。

◀「サイトエラー」の下に表示される「URLエラー」に、エラーの件数の折れ線グラフと、対象ページの一覧が表示されます。

サーバーエラー	：URLにアクセスできない、リクエストがタイムアウトになった、Webサイトがビジー状態だったのいずれか
ソフト404	：実在しないURLについて、なんらかのページがサーバから返された
404	：アクセスしようとしたページが存在しない
アクセスが拒否された	：ログインが必要、robots.txtファイルによるブロック、サーバによるプロキシを使用したユーザー認証などによりアクセスできない
クロールを完了できない	：WebサイトのURLを完全にはたどれなかった
DNSエラー	：DNSサーバと通信できない、サーバにWebサイトのエントリがない、など

一般的なURLエラーは、以上の6タイプになります。**もっとも多く目にするのは404のエラーです。**これはGoogleのクローラがリンクをたどって巡回した際に、リンクのスペルミスやリンク先ページが削除されたことにより生じます。しかし、**Googleも検索結果のランキングに影響はなく、エラーを無視しても問題ないとしています。**ただし、利用者のことも考え、URLを変更する際はSec.29で解説した301リダイレクトを設定するのはもちろん、アクセスが多ければ、リンクのスペルミスでも対象のURLに対して301リダイレクトを設定し、正しいページへ誘導してあげましょう。

まずは、Googleにどう認識されているか確認

検索エンジンに認識されてこそのSEO対策です。まず認識されているかどうかを確認し、認識されていない場合はその原因を確認します。

Section 50　Category　登録・設定　確認　対応

SEO対策状況を確認してWebサイトの完成度を高める

検索エンジンに認識されていることを確認したら、今度はWebサイトへのキーワードの反映状況や利用者が使っているキーワード、そして内部リンクの状況などを確認し、実行したSEO対策が設計通りに反映されているかを確認します。

 コンテンツ キーワードを確認する

　Googleが対象のWebサイトをどのように解釈しているか理解するために、まずは「コンテンツ キーワード」のページで、Googleがもっともよく検出したキーワードの一覧を確認します。

❶ Search Consoleにログインし、対象となるWebサイトを表示したら、メニューから＜Google インデックス＞→＜コンテンツ キーワード＞をクリックします。

❷ Webサイトで使用されているキーワードのリストが表示されます。リストの表示順を決める重要度順は、キーワードの出現頻度に応じて決まります。

❸ 各キーワードをクリックすると、そのキーワードの出現回数や、対象のキーワードが使用されているページのサンプルを見ることができます。

■ **コンテンツ キーワードの見方**

リスト化されたキーワードの上位に対策キーワードが入っており、サンプルページにも対策ページが入っていれば、キーワードがうまく反映されており、Googleにもしっかりと評価されていると判断できます。

一方、対策キーワードがリストに入っていないときは、キーワードの反映がうまくいっていないか、Googleに評価されていないかのどちらかです。Sec.49を参考に対策ページがインデックス化から漏れていないか確認し、漏れていない場合はキーワードの反映がうまくいっていないということなので、反映作業をやり直します。ただし、**一部のキーワードは、Googleによって定型文や一般的な言葉と見なされ、キーワードリストから除外される場合があるので、そこまで神経質になる必要はありません**。また、予想外のキーワードがキーワードリストに表示される場合は、Webサイトがハッキングされている可能性があるので、Sec.64や70を参考に適切に対応しましょう。

検索結果における評価を確認する

Googleによるキーワードの評価を確認したら、次はそのキーワードの検索結果における評価を確認します。

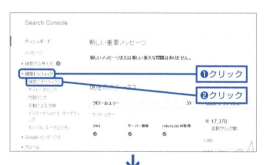

❶ 左ページの手順❶の画面を表示したら、メニューから<検索トラフィック>→<検索アナリティクス>をクリックします。

❷ 過去4週間にGoogleの検索結果でWebサイトがクリックされた回数が表示されます。画面上「クリック数」のチェックをクリックして外し、<掲載順位>をクリックしてチェックを付けます。

❸ Webサイト全体の日ごとの「掲載順位」データが折れ線グラフで表示され、検索で利用されたキーワード(検索クエリ)のデータが平均掲載順位の高い順に棒グラフで表示されます。

❹ 各クエリのデータ右端にある»をクリックすると、各検索クエリの過去4週間分のデータを確認できます。

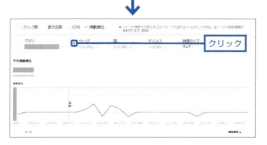

❺ <ページ>をクリックすると、対象の検索クエリにおいて上位に表示されているページのリストが確認できます。

■ 掲載順位の解釈の仕方

　検索アナリティクスに表示される掲載順位は、検索結果におけるWebサイトの「最上位」の掲載順位です。例えば、ある検索クエリの結果でWebサイトが2位・4位・6位の3箇所に掲載された場合、掲載順位は2位となります。また、平均掲載順位は最上位の掲載順位を平均したものです。前出の例で別の検索クエリでは3位・5位に掲載されている場合は、(2+3)／2=2.5で2.5位となります。

　この検索順位は、Sec.16、17で選定したキーワードリストと一緒に利用することで、SEO対策が設計通りに実現されているか確認できます。選定したキーワードの優先順位とコンテンツ キーワードのリストの順位が一致しており、それぞれのキーワードの掲載順位が高く、それに対策したページが貢献していれば、SEO対策は設計通り実現していることがわかります。

内部リンク状況を確認する

コンテンツ キーワードの重要度が設計した優先順位と一致しているのに、掲載順位ではそのキーワードで上位表示したいページが表示されない場合があります。この理由の1つとして、内部リンクの構成がうまくいっていないことが挙げられます。**内部リンクはWebサイト内における相対的重要度の指標として利用されるので、強化したいページにリンクを集中させられていない場合は、設計通りの成果を出せません**（Sec.21参照）。Search Consoleでは、その内部リンクの構成の確認もできます。重要度の低いページにリンクが集中している場合はリンク元のページを確認し、内部リンクの構成を調整しましょう。

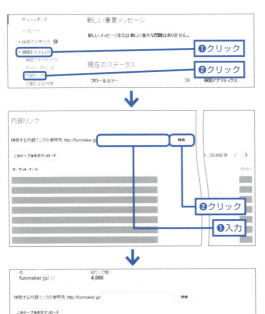

❶ P.162 手順❶の画面を表示したら、メニューから＜検索トラフィック＞→＜内部リンク＞をクリックします。

❷ 張られているリンクの数が多い順に Webサイト内の URL リストが表示されます。特定のページを確認するには、リスト上部のテキストボックスに対象ページの URL を入力して＜検索＞をクリックします。

❸ リストの URL をクリックすると、対象ページに張られているリンク元ページのリストが表示されます。

キーワードと掲載順位からGoogleの評価をチェック

コンテンツ キーワードのリストと検索アナリティクスのキーワードごとの掲載順位からGoogleの評価を確認し、設計通りの結果を出すための指標にしましょう。

Section 51 利用状況を確認してアクション率を高める

Category　登録・設定　確認　対応

Webサイトに対するGoogleの評価を確認したら、次は利用者のアクションを確認します。利用者がどのように利用しているかを確認し、より効率的に高い効果を出せるようにWebサイトを改善します。

検索アナリティクスでデータを確認する

簡単な利用状況の分析ならSearch Consoleでもできます。Sec.50の検索順位の確認で利用した検索アナリティクスを利用し、利用者のアクションをチェックしてみましょう。

■ 検索アナリティクスで確認できるデータ

検索アナリティクスで確認できるデータは、以下の通りです。

クリック数	：ユーザーが検索結果をクリックしWebサイトに移動した回数
表示回数	：検索結果に表示されたWebサイトへのリンクの数
CTR	：クリック率。クリック数を表示回数で割った値
平均掲載順位	：検索結果におけるWebサイトの「最上位」の平均掲載順位

これらのデータを、検索で利用されたキーワード（検索クエリ）、ページ、国、デバイスごとにグループ化して取得できます。「検索タイプ」や「日付」も設定できますが、これらはデータを絞り込んだり比較したりするために利用します。各種データを目的に応じてグループ化し、そこから利用者の傾向をつかみ、改善点を見つけ出します。

クエリ	：ユーザーが検索したクエリ文字列で検索結果をグループ化
ページ	：Webサイト内のページ別にデータをグループ化
国	：検索するユーザーの国別にグループ化
デバイス	：検索に使用されたデバイス別にデータをグループ化

検索結果に表示する内容を改善する

検索エンジンの検索結果にはタイトル（Sec.36）や概略（Sec.37）、リッチスニペット（Sec.44）などが表示されます。これらの内容が適切でないと、検索結果に表示されてもクリックしてもらえません。**検索アナリティクスは、クリック率が上がれば利用者が増える可能性の高いページを見つける際にも利用できます。**

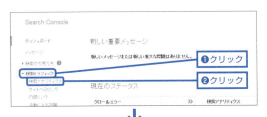

❶ Search Consoleにログインし、対象となるWebサイトを表示したら、メニューから＜検索トラフィック＞→＜検索アナリティクス＞をクリックします。

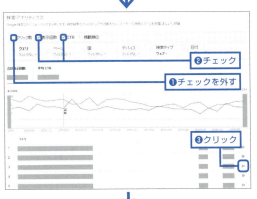

❷ 画面上部の＜クリック数＞をクリックしてチェックを外し、＜表示回数＞と＜CTR＞をクリックすると、表示数の多いクエリのリストが表示されます。リストを上から順に確認し、表示回数が多いのにCTRが低いクエリを見つけたら、リスト右端にある»をクリックします。

❸ 画面上部の＜ページ＞をクリックすると、折れ線グラフの下に対象のクエリにおいて表示されているページのリストが表示されます。

より表示回数が多く、CTRの低いページから順に改善します。 概要には検索クエリが含まれるようにし、リッチスニペットを表示できる場合は、検索クエリに合った内容が表示されるようにしましょう。

貢献度の高いページをチェックする

　ある程度の規模のWebサイトで、より高い成果を出すためにWebサイトの内容を改善する際には、**検索アナリティクスのデータからWebサイトにとって貢献度の高いページを探し、そこから手をつけましょう。**

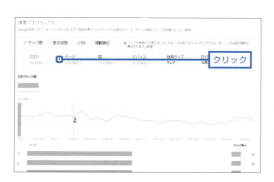

◀検索アナリティクスのページを開いたら、＜ページ＞をクリックします。折れ線グラフの下にクリック数が多い順でサイト内のページがリスト表示されるので、よりクリック数が多いページから改善をしていけば、より大きな成果が上がりやすくなります。

 ## 強化するデバイスをチェックする

　スマートフォンが普及し、パソコンよりスマートフォンからの利用者の方が多いことも当たり前になってきています。**デバイスごとの利用状況にもとづき強化するデバイスの優先順位を決めることで、より早く大きな効果を出せるようになります。**

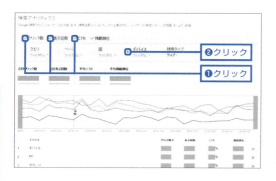

◀＜表示回数＞＜CTR＞＜掲載順位＞をクリックしてチェックを付け、＜デバイス＞をクリックします。

　より表示回数の多いデバイスに合わせた改善を行いましょう。モバイルに対応していないWebサイトでもモバイルからの流入が多いことは多いので、特にCTRが低い場合は、モバイルに対応するだけで成果を大きく伸ばせる可能性があります。

キーワードの選定をやり直すかどうか判断する

検索結果の上位に表示されても、対策キーワード自体が検索されていなければ、それは水たまりで釣りをしているようなもので、成果は期待できません。そのようなページを見つけ、改善する際にも検索アナリティクスが利用できます。

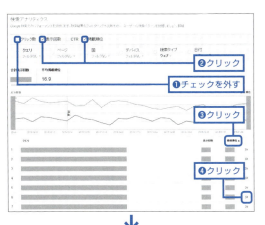

❶ ＜クリック数＞をクリックしてチェックを外したら、＜表示回数＞と＜掲載順位＞をクリックして表示されるリストを＜掲載順位＞で並び替えます。上からリストを確認し、対策しているキーワードの中で、掲載順位が高いのに表示回数が少ないクエリがあったら、»をクリックします。

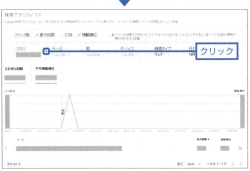

❷ ＜ページ＞をクリックすると、折れ線グラフの下に対象のクエリにおいて表示されているページのリストが表示されます。

対象のページで対策しているキーワードが❶で選択したクエリの場合は、対策キーワードを選び直し、より検索件数の多いキーワードに変更しましょう。

検索アナリティクスで利用状況を確認

Google アナリティクスを使わなくても、検索アナリティクスでも簡単な利用状況の分析ができるので、Webサイトを改善するときの参考に使ってみましょう。

Section 52 robots.txtが機能しているか確認する

Category 登録・設定 / 確認 / 対応

Googleの評価や利用者の利用状況をチェックしたら、Search Consoleの提供しているツールを利用して、Webサイトを適切に作成できているかをチェックしましょう。まずはrobots.txtファイルが適切に作成できているかをチェックします。

robots.txtテスターを利用する

robots.txtファイルは、検索エンジンに指示を出す非常に重要なファイルであり、扱いを間違えるとSEO対策においてマイナスの効果をもたらしてしまいます。robots.txtファイルを扱う場合は、Search Consoleのrobots.txtテスターを利用し、Googleに認識されているか、記述が正しいかを必ず確認するようにしましょう。

■ robots.txtの記述を確認する

作成したrobots.txtファイルを、Webサイトを公開しているサーバのルートディレクトリにアップロードし、以下の作業をします（アップロード方法はSec.73参照）。

❶ Search Consoleにログインし、対象となるWebサイトを表示したら、メニューから＜クロール＞→＜robots.txtテスター＞をクリックします。

❷ Googleがrobots.txtファイルを認識している場合は、テキストフィールドに内容が表示されます。表示されない場合は、ファイル名や設置場所が間違っているか、アクセス制限がかかっているので変更しましょう。

修正をしたらテキストフィールド右上の＜公開済みのrobots.txtを表示する＞をクリックし、認識されるようになったか確認します。記述に問題があれば、テキストフィールド左下にエラーと警告の数がそれぞれ表示され、該当箇所の行番号の前にそれぞれのマークが表示されます。テキストフィールドは編集が可能で、修正すればエラーや警告は表示されなくなります。**ここでチェックしながら記述し、終了したら内容をサーバのrobots.txtファイルに反映すれば、間違いがなくなります。**

クローラをブロックできているかを確認する

テキストフィールドに記述した内容で、意図通りのページでクローラをブロックできているかを確認してみましょう。

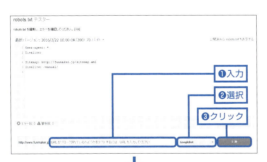

❶ テキストフィールド下のテキストボックスに対象のページのURLを入力し、右のプルダウンリストから確認したいユーザーエージェントを選択し、＜テスト＞をクリックします。

❷ 対象のページがブロックされていれば、ブロックを指示している記述がハイライト表示され、「テスト」が「ブロック済み」に変わります。

 POINT robots.txtファイルの扱いには、細心の注意を

利用を間違えると大きなマイナスになってしまう可能性があるので、robots.txtファイルは間違っていないか必ず確認してから利用しましょう。

Section 53 HTMLの重要要素をチェックする

Category　登録・設定　確認　対応

Webページの修正や追加をしていくと、ページのtitleや概要などの重要な要素が重複してしまったり、抜けてしまったりすることがあります。そのような間違いを見つけ、修正する際にもSearch Consoleが役立ちます。

「HTMLの改善」を利用する

Webサイトの規模が大きくなってくると、HTMLの要素の不足や重複を1ページずつ確認することは難しくなってきます。そのようなときに役立つのが「HTMLの改善」です。

❶ Search Consoleにログインし、対象となるWebサイトを表示したら、メニューから＜検索での見え方＞→＜HTMLの改善＞をクリックします。

❷ 下記の3点に分けて、それぞれの問題の内容とその該当するページ数が表示されるので、該当するページがある項目の中で、詳細を確認したい項目をクリックします。

メタデータ (descriptions)：ディスクリプションの重複、記述がないなどの問題
タイトルタグ　　　　　　：ページのタイトルの重複、記述がないなどの問題
インデックス不可コンテンツ：一部のリッチメディア ファイル、動画、画像など、インデックスに登録できないコンテンツを含むページ

❸ 対象となる内容と対象となるページ数が表示されます。ページが複数ある内容に関しては、内容をクリックし、対象となるページのリストを表示させます。

　問題のあるページを確認し、指摘されている問題を修正します。HTMLの改善で確認できる内容は以下の通りです。**特に「タイトルタグの記述なし」と「タイトルタグの重複」に該当するページがある場合はできるだけ早く対応するようにしましょう。**HTMLの改善の内容に従って修正したら、Fetch as Googleを利用してGoogleに最新情報の反映を申請します（Sec.26参照）。

●メタデータ（descriptions）　　　　　　　　　　　　　　　　→ Sec.37

　重複：メタディスクリプションが重複しているページが存在している
　長い：文字数が多く、全体が検索結果に表示されない可能性がある
　短い：文字数が少なくページの内容を伝えられていない可能性がある

●タイトルタグ　　　　　　　　　　　　　　　　　　　　　　→ Sec.36

　記述なし：タイトルタグの内容が記述されていない
　重複　　：タイトルが重複しているページが存在している
　長い　　：文字数が多く、全体が検索結果に表示されない可能性がある
　短い　　：文字数が少なく、ページの内容を伝えられていない可能性がある
　情報不足：情報が不足し、ページの内容を伝えられていない可能性がある

●インデックス登録できないコンテンツ　　　　　　　　　　　　→ Sec.22

HTMLの不足要素や重複もSearch Consoleでチェック

Search Consoleの「HTMLの改善」を利用することで、規模の大きなWebサイトのHTMLのチェックも効率的に行えます。

Section 54 セキュリティ上の問題を確認する

Category 登録・設定 / 確認 / 対応

Webサイトの運営では、セキュリティにも注意が必要です。不特定多数の利用者の中には悪意のある人が紛れていることもあるので、対応しないとほかの利用者に迷惑をかけてしまうとともに、検索結果にも表示されなくなってしまいます。

Webサイトにおける脅威

利用者に危害を加えることを目的としたソフトやコード（マルウェア）をWebサイトに仕掛けられると、利用者がフィッシングや劣悪な商品の購入に誘導されたり、利用者のパソコンが攻撃されたりしてしまう可能性があります。マルウェアの感染は、利用者に多大な迷惑をかけ信用を失うのはもちろん、検索結果にも感染していることが表示されるので、迅速に対応しなければ集客の面でも大きな損失につながってしまいます。

■「セキュリティの問題」をチェックする

Search Consoleでは、Webサイトがマルウェアに感染した際はSec.45で解説したメールアドレスにメールを送り、マルウェアの感染を通知してくれます。セキュリティ上の重要な問題に関しては、Search Consoleのホームやダッシュボード上部の「新しい重要メッセージ」にも表示されますが、詳細は以下から確認します。

❶ Search Console にログインし、対象となるWebサイトを表示したら、＜セキュリティの問題＞をクリックします。

 Bing Webマスターツールでの確認

Bing Webマスターツールでも感染が無いかを確認し、ダブルチェックする習慣をつけましょう。マルウェアに関するレポートは、管理画面左に表示されるメニューの＜Security＞→＜マルウェア＞から確認できます。

❷ セキュリティ上の問題がない場合は、感染していない旨が表示されます。一方、セキュリティ上の問題がある場合は、画像のように問題の内容が表示されます。

セキュリティ上の問題は、自分だけではなく利用者にも不利益を与える非常に重要な問題です。マルウェアもさまざまなものが作成され進化し続けているので、Search Consoleが必ずマルウェアを検知できるわけではありません。Sec.50で解説した「コンテンツ キーワード」や、Sec.51で解説した「検索アナリティクス」のクエリのリストを確認し、意図していないキーワードが表示されている場合は、Webサイトがハッキングされていないか確認するなどの習慣をつけることも大切です。

■ 感染した場合の対応

感染が発覚した場合は、まずWebサイトからほかのユーザーへの伝染や、ハッカーによるさらなるシステムの悪用を防ぐために、Webサイトを隔離し、被害の程度を確認します。確認された被害状況に従ってWebサイトをクリーンアップしたら、「セキュリティの問題」ページからGoogleにWebサイトの再審査をリクエストし、問題が解決したか確認します。問題が解決されている場合は、約1日後までに、Googleの検索結果ページでマルウェアの警告表示が削除されます。感染した場合の対応の詳細は、Sec.70やSearch Consoleヘルプの「感染サイトの修正方法」（https://support.google.com/webmasters/topic/4598410）を確認しましょう。

 セキュリティ上の問題にも迅速に対応

セキュリティ上の問題は利用者に大変な迷惑をかけるので、細心の注意を払ってできるだけ早く見つけるようにするとともに、発覚したら迅速に対応しましょう。

Section 55 モバイルユーザビリティを確認する

Category 登録・設定 / 確認 / 対応

Sec.33で解説した通り、現在のWebサイトではスマートフォンなどのモバイルへの対応は必須となっています。Search Consoleでは、モバイル対応に関して不十分なページを見つけ、改善点を知ることもできます。

モバイルユーザビリティとは?

　モバイルユーザビリティとは、特にスマートフォンなどのパソコンよりディスプレイが著しく小さなモバイルデバイスにおける、利用者の利用しやすさのことをいいます。スマートフォンの普及にともない、モバイルユーザビリティは非常に大切になってきており、問題のあるWebサイトはモバイルでの検索結果の順位が下がってしまいます。

　モバイル表示時の見栄えやレイアウトに問題があるページを発見し、対応方法を確認する際にも、Search Consoleの「モバイル ユーザビリティ」が便利です。モバイル ユーザビリティに関する問題もダッシュボード上部の「新しい重要メッセージ」に表示され、＜詳細＞をクリックすると内容を確認できますが、詳細を確認する場合はモバイル ユーザビリティのページを利用したほうが便利です。なお、ページの表示速度などのユーザビリティのチェック方法は、Sec.75で解説します。

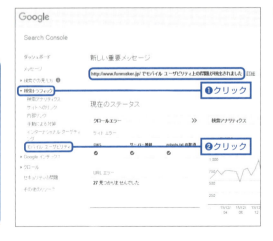

❶ Search Consoleにログインし、対象となるWebサイトを表示したら、メニューから＜検索トラフィック＞→＜モバイル ユーザビリティ＞をクリックします。

❷ モバイルの表示において問題があるポイントと、その対象となるページ数が表示されます。修正する項目をクリックし、»をクリックします。

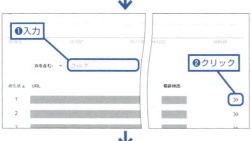

❸ 対象ページがリスト表示されるので、修正するページのリスト右端にある»をクリックします。対象が多い場合は、リスト上部のテキストボックスにURLの一部を入力し絞り込みましょう。

❹ 選択したページを改善するためのヒントが表示されるので、ヒントに従って修正します。作業を始める際は、＜公開中のバージョンを確認＞をクリックし、対象ページのどこに問題があるか確認します。

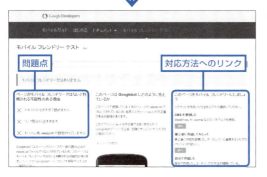

❺ Googleの提供している「モバイル フレンドリー テスト」の結果ページが表示され、左に問題点、右に作成方法ごとの対応の仕方へのリンクが用意されます。問題点や対応方法を確認し、修正の仕方を決める参考にしましょう。

モバイル対応状況のチェックもSearch Consoleで

これからより重要になっていくモバイル対応で、利用者が利用しやすい対応ができているかチェックし、改善するのにもSearch Consoleが役立ちます。

Section 56 ペナルティの確認と再審査リクエスト

Category: 登録・設定 / 確認 / 対応

Search Consoleでは、Googleが目視によって課した手動ペナルティに関して通知メッセージを出してくれるとともに、対応後の再審査を申請できます。ペナルティの詳細は7章で触れますが、ここでは通知の確認と再審査の申請方法を解説します。

ペナルティの確認方法

検索エンジンは、評価基準に従って不当に検索順位を操作しようしているWebサイトの検索順位を自動的に下げるだけでなく、手動で掲載順位を下げたり検索結果から削除したりする場合があります。**Googleがこの手動によるペナルティを行った場合、Search Consoleでどのようなペナルティが行われたか確認できます**。Webサイトのランキングに影響する場合は、ダッシュボードの「新しい重要メッセージ」や「メッセージ」センターにも通知が表示されます。

■「手動による対策」を確認する

Googleの手動による対策には、以下の2種類の対策が表示されます。

- **サイト全体の一致**：サイト全体に影響のある対策を掲載
- **部分一致**　　　：サイトの個々のURLやサイトの一部に影響のある対策を掲載。問題がほかと関連のない孤立したものなら、影響を受けるのは個々のページ、サイトの一部、サイトへのリンクであり、サイト全体は影響を受けない

また、Googleの手動による対策の代表的な対象は以下の通りです。

ハッキングされたサイト／サイトへの不自然なリンク／サイトからの不自然なリンク／ユーザー生成スパム／価値のない質の低いコンテンツ／悪質なスパム／スパム行為のある無料ホスト／クローキング、不正なリダイレクト／隠しテキスト、キーワードの乱用／スパム行為のある構造化マークアップ

❶ Search Console にログインし、対象となる Webサイトを表示したら、メニューから＜検索トラフィック＞→＜手動による対策＞をクリックします。

❷ 手動による対策が課されている場合は、対策の影響を受ける範囲とその理由、そして対策を受ける Web サイトの対象部分が表示されます。

手順❷では範囲が「サイト全体」、理由が「サイトへの不自然なリンク」以下、そして対象が「すべて」となっています。Google の指示に従って対応をしたら＜再審査をリクエスト＞をクリックし、再審査を申請します。

すべての手動ペナルティがSearch Consoleの「手動による対策」にすぐに表示されるわけではなく、通知が遅れたり、通知がなかったりする場合もあるので、より詳細なペナルティの判定は第7章をご確認ください。また、ペナルティ対象の詳細は、Sec.60やSearch Consoleヘルプの「手動による対策」（https://support.google.com/webmasters/answer/2604824）をご確認ください。

 POINT　手動ペナルティの確認と再審査申請もできる

Googleが課した重いペナルティの内容の確認や、ペナルティ箇所を修正したあとの再審査申請も、Search Consoleから行います。

Section 57

Category 登録・設定 / 確認 / 対応

検索結果の表示を変えてクリック率を上げる

リッチスニペットを利用するにはmicrodataの記述の追加が必要であり、ある程度の知識と手間が必要ですが、「構造化データ マークアップ支援ツール」を利用すれば、簡単にデータをタグ付けできます。

データを簡単にタグ付けする

検索結果にリッチスニペットを表示することで、検索している人の目をよりひけるのはもちろん、情報も充実するので、検索結果のクリック率が高まります。それにはmicrodataの記述の追加が必要なため、ある程度の知識と手間が必要ですが、「構造化データ マークアップ支援ツール」を利用すれば簡単に実現できるようになります。

❶ Search Console にログインし、対象となるWebサイトを表示したら、＜その他のソース＞をクリックします。

❷ ＜構造化データ マークアップ支援ツール＞をクリックします。

❸ データをタグ付けするページのデータタイプをクリックして選択したら、対象ページのURLを入力し、＜タグ付けを開始＞をクリックします。

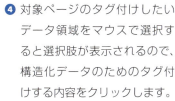

❹ 対象ページのタグ付けしたいデータ領域をマウスで選択すると選択肢が表示されるので、構造化データのためのタグ付けする内容をクリックします。

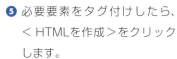

❺ 必要要素をタグ付けしたら、＜HTMLを作成＞をクリックします。

❻ microdataの記述が追加されたHTMLデータが表示されます。スクロールバーに表示される対象箇所のマークをクリックし、ハイライト表示された追記箇所をコピーしてWebページのHTMLソースに反映します。

HTMLソースへの反映が終了したら、「Structured Data Testing Tool」（https://developers.google.com/structured-data/testing-tool/）で記述に間違いがないかチェックをし、問題がなければサーバにアップロードして反映しましょう。

すべての検索エンジンに対応するには、「構造化データ マークアップ支援ツール」を利用してHTMLソースに反映する必要がありますが、Googleの検索結果に反映させるだけで良い場合は、＜検索での見え方＞→＜データ ハイライター＞を利用すれば、同様の作業でWebページのHTMLソースを編集せずにリッチスニペットを表示させることもできます。

Google対応だけならデータ ハイライターでも大丈夫

Googleだけの対応になりますが、データ ハイライターを利用すれば、HTMLソースの編集などをしなくてもリッチスニペットを表示できます。

ネガティブSEO対策に対抗する

かつてはとにかく外部リンクを集めることがSEO対策の中心でしたが、現在では質の悪い外部リンクはかえってSEO対策においてマイナスの効果をもたらします。そのような効果を悪用したネガティブSEO対策について知っておきましょう。

ネガティブSEO対策とは？

ネガティブSEO対策とは、ライバルのWebサイトに質の悪いリンクを多量に張ることで、ライバルサイトがあたかも違反行為をしているように見せて検索エンジンのペナルティを受けるようにし、ライバルサイトの検索順位を下げることをいいます。

■ ネガティブSEO対策に対応する

2012年にGoogleが行ったペンギンアップデートに代表される近年の評価基準の強化により、質の悪い外部リンクがより正確に判別されるようになったことを受け、ネガティブSEO対策を行う人が出てきました。このような手法は、リンクを発するためのWebサイトを作成する手間はありますが、うまくいけばライバルのWebサイトがペナルティを受け検索結果に表示されなくなるので、一部の業者で実行されています。

外部リンクの購入などにはGoogleが特に厳しくペナルティを課しているので、ネガティブSEO対策をそのまま放置していると手動ペナルティを課され検索結果から削除されてしまう可能性もあります。ですから、ネガティブSEO対策をされていることがわかったら、できるだけ迅速に対応することが大切です。

◀ネガティブSEO対策でペナルティを受けないよう、対抗策を学んでおきましょう。

マイナスな外部リンクを特定する

ネガティブSEO対策によって手動のペナルティが課された場合は、Search Consoleの「手動による対策」で内容を確認できるので、それに従って対象のリンクを否認すれば大丈夫です。しかし、手動による対策にメッセージが表示されていないのに、検索結果に表示されなくなってしまった場合には、ネガティブSEO対策に利用されている外部リンクを以下の方法で特定しましょう。

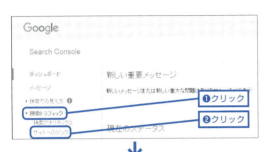

❶ Search Consoleにログインし、対象となるWebサイトを表示したら、メニューから＜検索トラフィック＞→＜サイトへのリンク＞をクリックします。

❷ Webサイトに張られている外部リンクのデータが表示されます。リンク元のWebサイトを確認するために、「リンク数の最も多いリンク元」のリスト下に表示される＜詳細＞をクリックします。

❸ リンクが張られているWebサイトのドメイン一覧が表示されます。

リンクが張られているWebサイトの中で、まったく知らないサイトを探し、どのようなWebサイトか確認していきます。そして、**リンクが多くコンテンツの質が悪いサイトがあった場合、それがネガティブSEO対策のための外部リンクの可能性があります。**リンク元が多い場合は、リストをダウンロードし、リンク数のもっとも多いリンク元サイトか最近作成されたリンクから確認を始めましょう。

マイナスな外部リンクを否認する

　ネガティブSEO対策で利用されている外部リンクがわかったら、その外部リンクを否認し、違反をしてないことをGoogleに伝える必要があります。しかし、**リンクの否認は使い方を間違えると、検索結果におけるWebサイトのパフォーマンスに悪影響が及ぶ可能性があるので、対象のリンクが問題を引き起こしていると確信した場合にのみ、利用するようにしましょう。**

❶ テキストエディタを開き、ネガティブSEO対策に利用されているURLを1行に1つずつ記述したら、文字コードに「UTF-8」を選択して保存します。最初に「#」をつければ、覚書などのコメントを入れることもできます。

❷ Search Consoleにログインし「https://www.google.com/webmasters/tools/disavow-linksmain」にアクセスしたら、リンクを否認する対象のWebサイトを選択し、＜リンクの否認＞をクリックします。

GoogleだけでなくBingにも必ず申請する

Search Consoleでリンクの否認をしても、Googleの検索結果を利用している検索エンジン以外のペナルティは解消されません。ですから、ネガティブSEO対策をされてしまったときは、Search Consoleに加え、Bing Webマスターツールからも申請をしておきましょう。Bing Webマスターツールでは、管理画面左に表示されるリストの＜自分のサイトの設定＞→＜リンクの否認＞から、否認するリンクを申請できます。

❸ <リンクの否認>をクリックし、作成した否認するリンクのリストファイルのアップロード画面を表示させます。

❹ <ファイルを選択>をクリックしファイル選択画面が表示されたら、作成した否認するリンクのリストファイルを選択します。

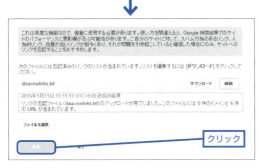

❺ ファイルのアップロードが終了すると、リンクの否認設定は完了です。もし間違えてアップロードしてしまった場合は<削除>をクリックし、ファイルを削除しましょう。

　本書の方針に従って管理していれば、検索エンジンのペナルティの対象になることはほとんどありませんが、外部リンクの購入などを行って、Googleからペナルティを受けたときなども「リンクの否認」を利用できます。そのような場合は、**まず依頼した業者に被リンクの削除を依頼し、削除してもらえない場合はリンクの否認によって対象のリンクを否認して対応する**ことになります。

 リンクの否認には、細心の注意が必要

せっかく効果を発揮している外部リンクに対してリンクの否認をしてしまうと、検索結果に悪影響が及ぶので、確信がある場合以外は利用しないようにしましょう。

Section 59 Webサイトの移転をGoogleに知らせる

Category 登録・設定 / 確認 / 対応

URLを変えることは今まで積み上げてきた評価を失うことなので、Webサイトは運営を開始したらドメインの変更はもちろん、個々のページのURL変更も極力避けるべきです。しかし、どうしても変更が必要な場合は、できるだけ評価を引き継げるようにしましょう。

 ## URL変更に伴うリスク

　URLを変更することは、再度インデックス化から始めることになるため、利用者が激減するリスクがあります。また、運営歴がゼロからスタートになるのはもちろん、せっかく張られている外部リンクも失うことにつながるので、インデックス化されたとしても評価がもとに戻るのに時間がかかる場合が多くなります。そのため、Webサイトは運営を開始したら極力URLを変更しないで済むようにします。しかし、**どうしてもURLを変更する必要がある場合は、極力もとのURLの評価を引き継げるようにすること**が、その後の成果に大きく影響します。

 ## URL変更時の手順

どうしてもURLを変更する必要がある場合は、以下の手順で行います。

❶ 新しいURLにコンテンツを作成する
❷ もとのURLから新しいURLへ301リダイレクトを設定する
❸ しっかりと301リダイレクトが機能しているかを確認する

　URLを変更する際には301リダイレクトなどを利用して、検索エンジンにもとのURLの評価を新しいURLにできるだけ引き継げるようにします（Sec.29参照）。また、**Webサイトを移転する際には、上記の作業に加え、Search ConsoleやBing Webマスターツールなどを利用して、検索エンジンにアドレスの変更を申請します**。ここでは、Webサイト移転時の作業の概略と、Search Consoleへの申請方法を解説します。

Webサイト移転時の申請方法

Webサイトを移転する際は、Search Consoleに申請する前に移転作業をすべて終了しておく必要があります。

■新ドメインをチェックする

新たに購入したドメインを利用する前に、以前の所有者による未解決の問題が残っていないか確認します。新ドメインをサーバで設定したらSearch Consoleに登録し、「手動による対策」ページから手動ペナルティが課されていないか確認します（Sec.56参照）。問題がある場合は、Sec.71を参考に再審査のリクエストを申請しましょう。また、以前の所有者によってURLが削除されていることもあるので、Search Consoleの＜Google インデックス＞→＜URLの削除＞から確認しましょう。

■新ドメインの下でWebサイトを準備する

新ドメインをチェックしたら、新ドメインに必要なすべてのページを作成します。ページを作成する作業中に、robots.txtファイルを利用してクロールをブロックしたり、noindexディレクティブを利用してインデックス登録を制御したりしている場合は、公開後に指示の削除を忘れないように注意しましょう。

■301リダイレクトを設定する

新しいWebサイトの準備が終了したら、もとのWebサイトから301リダイレクト設定を行って、利用者や検索エンジンのクローラが新ドメインに誘導されるようにします。これにより、もとのWebサイトに張られている外部リンクの評価も一部は引き継げます。検索エンジンはもちろん、いつまで利用者がもとのWebサイトを訪問し続けるかはわからないので、301リダイレクトはできるだけ長い期間行います。もとのWebサイトから新しいWebサイトに移行しないコンテンツがあれば、そのURLから適切にHTTP 404または410のエラーレスポンスコードを返すようにします。

Google以外の検索エンジンも忘れずに

次ページで解説するSearch Consoleのほか、Bing Webマスターツールでも申請をしましょう。Bing Webマスターツールでは、＜診断ツール＞→＜サイト移転＞から、ドメイン、サブドメイン、ディレクトリ単位でURLの変更を申請できます。

■ **Search ConsoleへWebサイト移転を申請する**

移転先のWebサイトが準備でき、もとのWebサイトに301リダイレクトを設定したら、最後はSearch ConsoleにURLの変更を申請して、より早く評価が引き継がれるようにします。

❶ Search Console にログインし、移転元のWebサイトのダッシュボードを開いたら、⚙をクリックして、＜アドレス変更＞をクリックします。

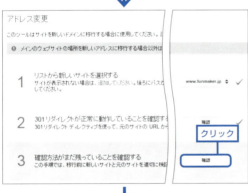

❷ 新しいWebサイトの準備と301リダイレクトがしっかり完了していれば、1と2にチェックが付いています。問題ない場合は、3の＜確認＞をクリックします。

❸ 3の確認ができたら、4の＜送信＞をクリックします。作業が完了したかは、新しいドメインの「ドメイン変更」画面で確認できます。

極力ドメインやURLの変更は避ける

URLを変更をすると、どんなに対応しても、もとの評価を100%引き継ぐことはできないので、避けられない場合以外はURLの変更は極力避けましょう。

第7章

危機を乗り越える!
ペナルティの判定法と対応法

Section 60 ▶ Webサイト存続の危機! ペナルティとは?
Section 61 ▶ ペナルティを判定して原因を究明する手順を知ろう
Section 62 ▶ チェックの第一歩! 手動ペナルティか判定する
Section 63 ▶ 悪意のある外部要因! セキュリティをチェックする
Section 64 ▶ 設定ミスの可能性? 検出とクロールを確認する
Section 65 ▶ もっとも多いペナルティ! 自動ペナルティの判定法
Section 66 ▶ 過剰対策の代表! キーワードの乱用
Section 67 ▶ 無意識にしてしまう! 隠しテキストと隠しリンク
Section 68 ▶ これからより大切になるコンテンツの価値
Section 69 ▶ こんなことにも注意! そのほかのペナルティ対象
Section 70 ▶ マルウェアの感染やスパムに対応する
Section 71 ▶ 対応後は必ず実行! 再審査を申請する

Section 60 Webサイト存続の危機！ペナルティとは？

Category / 基礎 / 判定 / 対応

SEO対策における最大のリスクは、検索エンジンのペナルティです。検索エンジンにペナルティを課されると、最悪の場合検索結果にまったく表示されなくなるので、URLを知らなければ訪問できないWebサイトになってしまう可能性があります。

第7章 危機を乗り越える！ペナルティの判定法と対応法

検索エンジンのペナルティ

本書に従って作成したWebサイトが重いペナルティを受けることはほとんどありません。しかし、ネガティブSEO対策の対象にされたり、本書を読む前に行った対策によりペナルティを受けてしまうこともあるので、本章では、検索エンジンのペナルティについて、その判定と対応方法を簡単に解説しておきます。

■ 検索エンジンのペナルティとは？

SEO対策における「ペナルティ」とは、検索エンジンの定めるルールに従わなかった結果、検索順位を下げられたりインデックスを削除されたりすることをいいます。日本でもっとも利用されているYahoo!JAPANですらほとんどの人が検索エンジンを経由して利用する現在、検索結果に表示されなくなることはWebサイトの死を意味するに等しいことです。

検索エンジンは「利用者が求めるコンテンツに簡単に行き着けること」にその存在価値があります。そのため、この存在価値を失う恐れのある行為に対しては徹底的に対策を講じ、違反者には厳しい制裁を課しています。その一方で、より良いWebサイトが増えるように、検索エンジンはWebサイト作成者に対してガイドラインを出しています。ですから、まずはそのガイドラインを確認し、何がペナルティの対象になるのかをしっかりと知ることが、ペナルティ対策の第一歩になります。

▲ガイドラインの内容をしっかり把握し、「NO」といわれないようにしましょう。

Googleが禁止する行為

進歩の早いIT業界で、世界トップクラスの企業が存在価値をかけて対策していることをふまえれば、検索エンジンの裏をかこうとすることは非常にリスクの高い行為です。まずは世界最大の検索エンジンであり、日本でも90%以上の検索結果に影響を与えるGoogleの定めるルールを知ることから始めましょう。

■ Googleの「ウェブマスター向けガイドライン」

Webサイトの作成者は、必ずGoogleの「ウェブマスター向けガイドライン」（https://support.google.com/webmasters/answer/35769）を知っておく必要があります。このガイドラインに沿ったWebサイトを作成することが、検索エンジンの上位表示につながり、利用者にとっても価値のある利用しやすいWebサイトにつながるからです。裏を返せば、このガイドラインに従わない行為は、利用者にとって価値のないWebサイトにつながり、検索エンジンのペナルティ対象にもなりえます。必ず全体を読むことをお勧めしますが、その中の「品質に関するガイドライン」における基本方針と、Googleが禁止行為として例示している具体例を以下に挙げておきます。

■ 基本方針

- 検索エンジンではなく、ユーザーの利便性を最優先に考慮してページを作成する。
- ユーザーをだますようなことをしない。
- 検索エンジンでの掲載位置を上げるための不正行為をしない。ランクを競っているWebサイトやGoogle社員に対して自分が行った対策を説明するときに、やましい点がないかどうかが判断の目安です。そのほかにも、ユーザーにとって役立つかどうか、検索エンジンがなくても同じことをするかどうか、などのポイントを確認してみてください。
- どうすれば自分のウェブサイトが独自性や、価値、魅力のあるサイトといえるようになるかを考えてみる。同分野のほかのサイトとの差別化を図ります。

■ 禁止行為の具体例

- コンテンツの自動生成
  プログラムによって生成された、読者にとって意味を持たないが特定の検索。キーワードを含むでたらめな内容の段落で構成されたコンテンツのこと。

- リンクプログラムへの参加
  自分のWebサイトへのリンクを操作する行為も、自分のサイトからのリンクを操作する行為も含む、検索順位の操作を意図してリンクを操作すること。
- オリジナルのコンテンツがほとんどまたはまったく存在しないページの作成
  検索順位を上げるために、オリジナルのコンテンツがほとんどなくユーザーにとって価値のないページを作成すること。
- クローキング
  人間のユーザーと検索エンジンに対してそれぞれ異なるコンテンツまたはURLを表示すること。
- 不正なリダイレクト
  検索エンジンをだますためや、人間のユーザーとクローラにそれぞれ異なるコンテンツを表示するためにリダイレクトすること。
- 隠しテキストや隠しリンク
  背景と同色のテキストや画像の背後に置いたテキストなど、ユーザーに見えにくい検索エンジンのみを対象としたテキストやリンクを記述すること。
- 誘導ページ
  特定の検索キーワードで、検索結果の上位に表示されることを目的に作成されたWebサイトまたはページを作成すること。
- コンテンツの無断複製
  ほかのWebサイトのコンテンツを役立つサービスやコンテンツなどを加えることなく無断で流用すること。
- 十分な付加価値のないアフィリエイトサイト
  ほかの多くのWebサイトにも掲載されている商品説明をそのまま利用した、独自性のあるコンテンツを持たないアフィリエイトサイトを作成すること。
- ページへのコンテンツに関係のないキーワードの詰め込み
  検索順位を上げるために、ページにキーワードや数字を詰め込むこと。
- フィッシングや、ウイルス、トロイの木馬、その他マルウェアのインストールといった悪意のある動作を伴うページの作成
  ユーザーの予想とは異なる動作をするコンテンツやソフトウェアを配布すること。
- リッチ スニペット マークアップの悪用
  リッチスニペットの対処とはならない内容をマークアップし、検索結果に表示させようとすること。
- Googleへの自動化されたクエリの送信
  検索結果におけるWebサイトやページのランキングを調べるなどの目的のために、自動でクエリをGoogleに送信すること。

出典：https://support.google.com/webmasters/answer/35769

検索エンジンが課す2つのペナルティ

検索エンジンの課すペナルティは、一般的に以下の2つに大別されます。

自動ペナルティ：検索エンジンの評価基準によって自動で課されるペナルティ
手動ペナルティ：人間の目によって手動で課される重いペナルティ

　ペナルティは、多くの場合、自動ペナルティと手動ペナルティに分けて解説されますが、この2つを明確に区別することは困難です。また、ペナルティを課された際に、この2つのどちらなのかを厳密に判定すること自体には、あまり意義はありません。しかし、本書でもこの分け方を採用しているのは、GoogleがSearch Consoleで手動ペナルティの内容と対処法を通知してくれるように、検索エンジンによっては、手動で課したペナルティを通知してくれたり、ペナルティの原因が1つに絞り込みやすかったりするためです。そのような手動ペナルティが課される対象の中で、代表的なものを以下に挙げておきます。

- Webサイトへの不自然な人為的偽装、または不正なリンクの作成
- Webサイトから外部への不自然な人為的偽装、または不正なリンクの作成
- Webサイト内における利用者が生成したスパム
- 内容の薄いページや誘導ページなどの価値のない質の低いコンテンツ
- 自動生成や無断複製、クローキングなどの悪質なスパムテクニックの使用
- 利用サイトのかなりの割合のページでスパム行為が行われているサーバ
- クローキングや不正なリダイレクトで利用者と検索エンジンに異なるコンテンツを表示する行為
- 隠しテキストを利用したりキーワードを乱用したりする行為
- ガイドラインに違反し、対象外の内容をリッチスニペットに表示する行為

ペナルティは、Webサイト存続の危機

ペナルティを課されるとWebサイトは存続が困難になってしまうため、検索エンジンのガイドラインに従い、ペナルティを課されないWebサイト作りをしましょう。

Section 61 ペナルティを判定して原因を究明する手順を知ろう

Category　基礎　判定　対応

Webサイトの検索順位が急に低下したとしても、ほかのWebサイトがコンテンツを追加・変更したことによる順位変動や検索エンジンの評価基準の変更による評価の低下によるものかもしれません。その原因が何によるものなのかを判断する必要があります。

ペナルティの判定手順

　Webサイトの検索順位が急に低下すると、すぐに「ペナルティを課された」と判断される方がいますが、検索順位の低下の原因はペナルティ以外にもさまざまなものがあります。実際にペナルティを課されている場合は早急に対応する必要がありますが、ペナルティでもないのに慌てて対応しても、検索順位の回復は見込めません。

　急に検索順位が低下したときは、ペナルティを課されているのか、そしてどのようなペナルティを課されているのかを以下の3ステップで判断し、原因を追究します。

STEP1 手動ペナルティか否かの判定
即座に対応しなければならない状況なのか否かを確認する。

STEP2 設定ミスによるものか否かの判定
設定ミスにより検索エンジンのクローラをブロックしていないかなどを確認する。

STEP3 自動ペナルティか否かの判定
過剰対策による自動ペナルティを課せられているか否かを確認する。

 POINT　「検索順位の急落=ペナルティ」とはいえない

検索順位が急落した場合は、その原因がペナルティによるものなのか、そしてどのようなペナルティを課されているのかを判断する必要があります。

Section 62

Category | 基礎 | 判定 | 対応

チェックの第一歩！
手動ペナルティか判定する

手動ペナルティを課せられている場合は、検索結果にWebサイトがまったく表示されなくなることがあるので、すぐに対応する必要があります。まずはWebサイトが危機的状況なのかどうかを判断することから始めましょう。

まずはGoogleからの通知を確認する

　検索順位が急に低下した際に最初にすべきは、Googleからの通知の確認です。多くの手動ペナルティでは、Sec.56で解説したSearch Consoleの「手動による対策」ページにペナルティの範囲と理由、そして対象が明示されるので、それに従って対応をするのが迅速で確実な対応です。また、手動による対策が行われた場合は、Search Consoleに設定したメールアドレスに通知メールが届くので、より早く危機的状況を知るために、常にメールをチェックしておくことも大切です。

第7章　危機を乗り越える！ペナルティの判定法と対応法

■ 外部要因も「手動による対策」の対象になる

　Googleの「手動による対策」の対象はガイドライン違反だけではなく、ハッキングなどの悪意のある外部要因も対象となります。手動による対策ページのレポートで外部要因が原因であることが判明したら、Sec.70を参考に対応しましょう。また、Google以外の検索エンジンに関して、検索順位の低下が悪意のある外部要因が原因であるか否かを判定する方法はSec.63をご確認ください。

　手動による対策ページのレポートで悪意のある外部要因以外で対策がとられたことが判明した場合は、指示に従って対応し、対応が終了したら再審査の申請をします。

 → ペナルティの通知を確認 →Sec.56 　通知あり→ 対応して再申請 →Sec.71
　　　　　　　　　　　　　　　　　　　　 通知なし→ ほかの可能性を手作業でチェック →Sec.63

検索順位低下！

▲ Search Consoleの手動による対策の通知を始めに確認します。

ペナルティを手作業で確認する

　Googleが手動によるペナルティを課した場合は、基本的にSearch Consoleの「手動による対策」ページにレポートが表示されますが、レポートの表示が遅かったり、ときとして表示されなかったりする場合もあります。また、BingなどのGoogle以外の検索エンジンで重いペナルティを課されてしまった場合は、Search Consoleの情報だけでは判断ができません。そのため、Search Consoleの「手動による対策」ページを確認し、レポートが表示されていなかったとしても、必ず次の作業を行いましょう。

■ インデックスが削除されていないかチェックする

　手動ペナルティの中でも特に重い対策がとられた場合は、対象のWebサイト自体が検索結果に表示されなくなります。これはもっとも重いペナルティであり、すぐに対応する必要があるので、まずはそのチェックをP.159MEMOでも解説した「site:」コマンドを利用して行います。

▲検索ボックスに「site: 対象のサイトのトップページ URL」を入力して検索します（「http://funmaker.jp/」についてチェックしたい場合は「site:http://funmaker.jp/」を入力します）。

　検索結果には、チェックしたWebサイトにあるページの中で、対象の検索エンジンのインデックス化しているページが一覧表示されるので、通常は複数のページが表示されます。しかし、検索結果に1ページも表示されない場合は、チェックしたWebサイトのページが対象の検索エンジンでは1ページもインデックス化されていないことを意味するので、Webサイト自体に手動ペナルティを課されている可能性が高いと判断できます。Webサイトのすべてのインデックスが削除されている状態は、対象の検索エンジンからチェックしたWebサイトに行き着けないことを意味し、もっとも危機的な状況です。このようなペナルティを課されるときは、直前に何かしら大きなガイドライン違反をしている可能性が高いので、まずは直前にどのような作業をしたかを確認し、ガイドライン違反があった場合はすぐにもとに戻すようにしましょう。

Webサイトの評価をチェックする

「site:」コマンドによるチェックで、インデックスを削除されていなければ最悪の状況ではありませんが、まだ手動ペナルティを課されていないとはいい切れません。

■ Webサイトの評価が著しく下がっていないかチェックする

インデックスが削除されるほどではなくても、重いペナルティが課されている可能性がないかを、ドメインを利用した検索でチェックしましょう。

▲検索ボックスにドメインを入力して検索します(「http://funmaker.jp/」についてチェックしたい場合は「funmaker.jp」を入力します)。

ドメインで検索すると、対象のWebサイトは通常1番目に表示されます。しかし、検索結果にWebサイトが表示されなかったり掲載順位が低かったりする場合は、Webサイトが対象の検索エンジンのガイドラインに違反していることで、手動ペナルティが課されている可能性があります。**直近まで正常に表示されていたのに、急にドメインで検索しても検索結果に表示されなくなっている場合は、非常に重いペナルティを受けていると判断できます**。直前に行った作業を洗い出し、何かしら大きなガイドライン違反をしていないかチェックしましょう。また、検索結果の掲載順位が低い場合も、ある程度大きなガイドライン違反をしているか、Webサイトの全体に渡って違反が行われていると考えられるため、それぞれの検索エンジンのガイドラインを確認し、違反を探して修正しましょう。

紛らわしい状況に注意する

以下に該当する場合も検索エンジンにインデックス化されないため、「site:」コマンドやドメインを利用したチェックにひっかかります。ペナルティによる順位低下と混同しないように注意しましょう。

■ 検索エンジンに認識されていない

運営初期のWebサイトは、検索エンジンに認識されるための施策が必要です。運営を開始したら、Search ConsoleやBing Webマスターツールに登録し、運営開始を通知します（Sec.26参照）。また、クローラの巡回頻度を高めるとともに運営開始を申請するツールがない検索エンジンのために、ある程度大きく頻繁に更新されているサイトからの外部リンクを用意し、クローラの入り口を確保しましょう（Sec.27参照）。

■ 検索エンジンが認識できない

せっかくページを作成しても、検索エンジンが内容を認識できなければ適切な評価を受けられず、インデックス化されない場合があります。このようなことを避けるために、コンテンツは検索エンジンが認識できるテキストベースで制作するようにしましょう。

また、新規作成したページがインデックス化されない場合は、Webサイト内をクローラが巡回できていない可能性があります。ナビゲーションやリンクをJavaScriptやDHTML、画像、リッチメディア（Silverlightなど）を使用して作成すると、クローラがWebサイト内を巡回できず、それぞれのページを認識しない可能性があります（Sec.22参照）。XMLサイトマップを用意することである程度対応できますが、基本的にナビゲーションやリンクは、HTMLで記述したテキストで作成し、すべてのページに必ず1つはリンクを張りましょう（Sec.22参照）。また、一部の利用者だけが見られる閲覧にログインが必要なページの情報も認識できません。コンテンツを検索エンジンが認識できるテキストベースで制作することは、どのような環境でもコンテンツが表示されることにつながるので、利用者にとってもプラスになります。

▲検索エンジンが認識できなければ、Webサイトが存在しないも同然です。

■ クローラをブロックしている

Webサイトを公開できるようになるまで、robots.txtファイルを利用してクローラをブロックして作業することはよくありますが、**公開後にrobots.txtファイルの対象部分を削除し忘れてしまうと、Webサイトがインデックス化されません**。また、robots.txtファイルの記述が間違っていることで、一部のページではなくWebサイト全体がブロックされてしまっていても同様です。Search Consoleの「robots.txtテスター」でWebサイト自体がブロックされていないか確認し、もしブロックされていたら該当箇所を削除しましょう（Sec.52参照）。

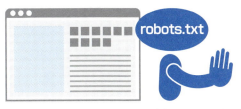

▲作業後はrobots.txtの不要な箇所は確実に削除しましょう。

■ URL変更で評価を失っている

ドメイン変更の際に評価が引き継がれるよう適切に作業をしないと、インデックス化されていたはずのコンテンツが検索結果に表示されなくなることがあります。これは検索エンジンにドメインの変更を伝えないと、対象のWebサイトが新しいWebサイトとして認識され、ゼロから評価されることになるためです。Webサイトの構造やURLの付け方を大幅に変更した場合も、同様のことが起こりえます。

対策としては、301リダイレクトで検索エンジンにURLの変更を伝え、ドメイン変更の場合はSearch ConsoleやBing Webマスターツールなどからドメインの変更を伝えます（Sec.59参照）。また、URLを変更した場合は、必要に応じてSearch Consoleの「Fetch as Google」やBing Webマスターツールの「URLの送信」などを利用して、検索エンジンの巡回を催促し、より早く新しいページを認識してもらうようにしましょう（Sec.26参照）。

 手動ペナルティには迅速な対応が必要

手動ペナルティはWebサイトの存続を脅かすものなので、できるだけ早く判断し、迅速に対応しましょう。

Section 63 悪意のある外部要因! セキュリティをチェックする

Category / 基礎 / 判定 / 対応

Webサイトにマルウェアをしかけられると、検索結果にマルウェアに感染していることが表示され、集客に大きな打撃があるだけでなく利用者に多大な迷惑をかけてしまう可能性もあります。マルウェアに感染しているかどうか、正確に把握しましょう。

登録しているツールを利用して確認する

Sec.62でペナルティか否かの判定の第一ステップとして確認したSearch Consoleのレポートに「ハッキングされたサイト」などの通知がなかった場合でも、セキュリティの問題は非常に大切なので、ほかの方法も利用して確認しておきましょう。Search Consoleのレポート以外の確認手法を知っておくことは、Googleが発見できていないマルウェアの発見に役立つのはもちろん、Google以外の検索エンジンの検索順位が低下した際のペナルティの判定時にも役立ちます。

■ Bing Webマスターツールを利用する

Bing Webマスターツールでも、Search Consoleと同様にマルウェアの感染をチェックできます。**Googleが感染を検出していなくてもBingが検出している場合もあるので、Search Consoleを確認したらBing Webマスターツールも確認しましょう。**

マルウェアに感染していなければ、下画像のように有害要素が検出されなかった旨が表示されます。もし有害要素が検出された旨が表示された場合は、内容を確認の上、Sec.70を参考に対応しましょう。

▲ 「Bing Web マスターツール」（http://www.bing.com/toolbox/webmaster）にログインしたら、メニューから＜ Security ＞→＜マルウェア＞をクリックします。

Google セーフブラウジングを利用する

Google セーフブラウジングとは、安全ではないWebサイトを特定し、利用者やWebマスターに知らせて危険から保護するためのサービスです。Googleが巡回した際のデータにもとづくレポートになるので、Search Consoleの手動による対策のレポートとほとんど変わりません。しかし、Search Consoleに登録していない場合や、ほかの検索エンジンの検索順位の低下に関してチェックしたい場合に便利なので、簡易的な方法として知っておいても良いでしょう。

■ Google セーフブラウジングでチェックする

❶ Google の「セーフブラウジングのサイトステータス」(https://www.google.com/transparencyreport/safebrowsing/diagnostic/) にアクセスし、「URLを入力」にチェックするWebサイトのURLを入力し、🔍をクリックします。

❷ 表示された項目に問題がなければ、マルウエア感染によるペナルティを課せられている可能性は低いと考えられます。

セキュリティ上の問題は複数の方法でチェック

マルウェアは日々新しいものが登場しており、1つの方法ですべてをチェックすることはできないので、チェックする際は複数の方法を利用しましょう。

Section 64　Category　基礎　判定　対応

設定ミスの可能性？検出とクロールを確認する

検索順位の急な低下は、ペナルティやマルウェアの感染だけが原因ではありません。設定を間違えたことにより、検索エンジンが対象のWebサイトを検出やクロールができなくなっていることが、原因である可能性もあります。

 ## クロールエラーをチェックする

　検索順位が低下したり検索結果に表示されなくなる原因の1つとして、検索エンジンのクローラが対象のWebサイトやその各ページを巡回できない状態になってしまっている可能性があります。手動ペナルティを受けておらず、マルウェアなどの感染でもない場合は、次のチェック項目として、検索エンジンがしっかりと認識できる状態になっているかを確認しましょう。

■ツールを利用して確認する

　Googleの検索順位の低下原因をチェックする場合は、Sec.49で解説したSearch Consoleの「クロールエラー」を、Bingの場合はBing Webマスターツールの「クロール情報」を利用して、各検索エンジンのクローラがWebサイトを巡回できているか確認します。そして、問題が見つかったらその原因に応じた対応をとりましょう。もしGoogleでもBingでもない検索エンジンで、Webサイト管理ツールが提供されていない場合は、まずはSearch Consoleのデータを確認するようにしましょう。

▲ Bing Web マスターツールにログインし、メニューから＜レポート&データ＞→＜クロール情報＞をクリックすると、「クロール情報」を確認できます。

各種設定ミスをチェックする

検索エンジンのクローラが巡回できているか確認できたら、次は各種設定ミスがないか確認します。

■ robots.txtファイルを確認する

P.199でも触れましたが、robots.txtファイルでクローラをブロックしてしまっていると、対象のWebサイトやページはインデックス化されません。特にコンテンツの変更のためにrobots.txtファイルでクローラをブロックし、作業後にブロックを解除し忘れることはよくあるので注意しましょう。

■ メタタグを確認する

robots.txtファイルと同様に、noindexメタタグの削除忘れにも注意が必要です。noindexメタタグは、サーバのルートディレクトリにアクセスできない場合、robots.txtファイルでクローラをブロックする代わりにページのHTMLコードのhead要素に挿入して利用し、対象ページのインデックス登録をブロックします。特定のページが検索結果に表示されない場合は、対象のページのhead要素に以下の記述がないか確認し、記述があった場合は削除しましょう。

```html
<head>
  <meta name="robots" content="noindex">
</head>
```

また、noindexメタタグを利用する際は、削除し忘れをなくすため、挿入したページのリストを作り、作業が終了したらそのリストにもとづいてすべて削除するようにしましょう。

 実はペナルティでない場合も多い

急に検索順位が下がっても、ペナルティが原因ではなく人為的なミスが原因の場合も多いので、ペナルティと判断する前にミスがないかチェックしましょう。

Section 65 もっとも多いペナルティ！自動ペナルティの判定法

Category 基礎 判定 対応

検索順位が急に低下しているのに、手動ペナルティやマルウェアの感染がなく、検索エンジンに認識されていなかったり設定ミスにより検索エンジンをブロックしてしまっていたりしない場合は、最後に自動ペナルティを疑いましょう。

手動ペナルティか自動ペナルティかを判別する

　自動ペナルティは、検索エンジンの評価基準によって自動的に課されるペナルティです。手動ペナルティと自動ペナルティを明確に判断する方法はなく、特にSearch Consoleのような手動ペナルティを通知するサービスを提供していない検索エンジンでは、この違いは非常にわかりにくいものです。

■ 手動ペナルティと自動ペナルティを分けて扱う理由

　大切なのは、「手動ペナルティ」なのか「自動ペナルティ」を厳密に判別することではなく、どうしたら現状を回復できるかを突き止めることです。手動ペナルティとしてSec.62で解説したものの中にも自動ペナルティが含まれることはありますが、Sec.62で手動ペナルティと判定される場合は、急に著しく検索順位が落ちるため、原因を直前に行った作業に限定できます。

　一方、軽微なペナルティが重なり検索順位が徐々に低下していく場合は、インデックスが削除された段階でペナルティに気がついても、原因が複数になっているため特定が難しく、順位の回復は困難になっています。自動ペナルティはこのタイプが多く、ペナルティか否かの判定が難しく、原因の特定も困難です。また軽微なペナルティは、検索エンジンの評価基準の変更による検索順位の低下と状況がよく似ており、判別することは困難でもあります。完全に自動ペナルティを判別することは困難ですが、次に判定方法を解説しているので、もし自動ペナルティが疑われる場合は早めに判定し、より原因の特定が楽な段階で対応しましょう。

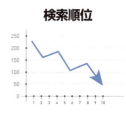

▲徐々に順位が下がっている場合は、自動ペナルティか評価基準の変更か難しい判別が必要です。

自動ペナルティの判定方法

自動ペナルティの判定は、以下の3点をチェックすることで行います。

■トップページ上部に記載している1文を検索する

❶ チェックするWebサイトのトップページを表示し、ページの上部に記載している1文をいくつか選択します。選択する際は、ほかのWebサイトであまり利用されていない内容の文を選ぶようにしましょう。

❷ 検索順位が低下した検索エンジンで、手順❶で選択した1文を「"(ダブルクオーテーションマーク)」でくくり、検索します。

複数のキーワードを検索しても、対象のWebサイト内のページが1番に表示されない場合は、ある程度重い対策が課されている可能性が高いので、複数の自動ペナルティを課されている可能性があると判断します。

■ **複数ページに共通する語句を検索する**

　トップページ上部に記載している1文の検索で問題がなかった場合は、次はトップページとほかのページで共通して利用している語句を検索します。

❶ チェックするWebサイトを確認し、トップページとほかのページで共通して利用されている語句を選びます。その際、ある程度競合の少ない語句で、特にほかのページで対策をしていない語句を選択しましょう。

❷ 検索順位が低下した検索エンジンで、手順❶で選択した語句を検索します。

　複数の語句を検索した際に、すべての語句で対象となるWebサイトのトップページ以外のページがトップページより上位に表示される場合は、検索エンジンによって何かしらの操作がされた可能性が高いでしょう。

　本書に沿って作成した際にはもちろん、一般的に1つのWebサイト内ではトップページがもっともSEO対策が効きやすいので、共通する語句の検索結果では、特に強化しているページがなければトップページが最上位に表示されます。それなのに、トップページよりほかのページのほうが上位に表示される場合は、何かしらペナルティによる順位操作がされた可能性が高いと判断できるのです。

■ **サービス名やWebサイト名、固有の3単語で検索する**

　複数ページに共通する語句の検索結果でトップページが最上位に表示された場合は、最後にサービス名やWebサイト名など、対象のWebサイトに固有の3単語で検索しましょう。対象ページで特に対策しているキーワードを選択するとよいでしょう。

　複数ページで同様の検索を行い、どの検索結果においても対象のページが検索結果の2ページまでに表示されない場合は、何かしらのペナルティを受けている可能性が高いと判断できます。

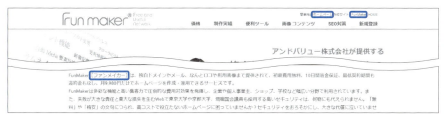

▲チェックするWebサイト固有の、ほかのWebサイトではあまり利用されていない単語を3つ以上選択して検索します。

 ## ペナルティの原因を特定する

　ここまでのチェックにひっかからなければ、ペナルティを課されている可能性は低く、評価基準の変更やライバルサイトの評価の上昇などによる影響の可能性が高いでしょう。一方、ペナルティを課されていると判断された場合は、ペナルティの原因を特定し、対応する必要があります。

　手動ペナルティのように、Search Consoleの手動による対策などのメッセージや直前の作業が明確な場合は対応は簡単ですが、自動ペナルティの場合、原因の特定は少々骨が折れます。まず、対象の検索エンジンのガイドラインと本書の内容を確認し、指示に反する施策があればすぐ止めましょう。原因がわからなければ、次に解説する代表的なペナルティ行為を確認し、該当箇所があったら修正します。修正後は1～2ヶ月ほど様子を見て、検索順位が回復しない場合は再度、該当箇所を探して修正しましょう。

 自動ペナルティの判別と原因の特定は難しい

自動ペナルティは判別と原因の特定が難しいので、ガイドラインに沿ったWebサイト作りを行い、ペナルティを受けないようにしましょう。

Section 66 過剰対策の代表! キーワードの乱用

Category 基礎 判定 対応

本書の内容に従ってWebサイトを作成していれば大きなペナルティを受ける可能性はほとんどありませんが、意図せずペナルティの対象になってしまう行為もあります。ここからは、そのような行為と対応時のポイントを解説していきます。

3種類のキーワード乱用

意図せずやってしまう違反の代表例が、キーワードの乱用です。SEO対策が行われだしたころは、対策キーワードをただ多量に反映するだけで一定の対策効果を得られたため、この対策は多用されました。しかし、飛躍的に進化してきた現在の検索エンジンでは、ただただキーワードを多量に記述するような対策が効果を発揮しないのはもちろん、このような対策は厳しく取り締まられる対象となっており、不用意なキーワードの利用によりペナルティを課されてしまうことがあるのです。

「キーワードの乱用」とは、Googleの検索結果でのサイトのランキングを操作する目的で、ウェブページにキーワードや数字を詰め込むことです。このようなキーワードは多くの場合、リストやグループの中に、または他の部分から切り離されて独立して(自然な文章としてではなく)出現します。ページにキーワードや数字を詰め込むと、ユーザーの利便性が低下し、サイトのランキングに悪影響が及ぶ可能性もあります。文脈に合ったキーワードを適切に使用した、情報に富んだ有用なコンテンツを作成することに焦点を合わせてサイトを運営してください。

▲ Googleの「品質に関するガイドライン」でも、キーワードの乱用が検索順位に悪影響を及ぼす可能性があることに言及しています（https://support.google.com/webmasters/answer/66358）。

■ 注意すべきキーワードの乱用

Googleなどの検索エンジンは、自然なコンテンツを推奨しており、キーワードもコンテンツ中に自然に万遍なく反映されていればペナルティ対象になりません。しかし、SEO対策を始めると、キーワードを特定要素に偏らせてしまったり、より多く使おうと物理的に近いところに羅列してしまったり、ページ内に過剰に反映してしまったりしがちです。ここでは、意図せずやってしまいがちなキーワードの乱用を、特定要素への偏り、物理的偏り、そしてページ内の過剰反映の3種類に分けて解説します。

特定要素におけるキーワードの乱用

マークアップによるSEO対策を始めたばかりの方がやってしまいがちなのが、特定要素においてキーワードを入れすぎてしまうことです。title（Sec.36参照）やkeywords（Sec.38参照）、見出し（Sec.39参照）、強調（Sec.42参照）など、それぞれの要素で特定のキーワードを入れすぎることは不自然であり、やりすぎればペナルティの対象になってしまう可能性があります。

■ 具体的に利用できる目安

見出しに効果があるからといってh1ばかりを多量に利用したり、h1の中に何度も同じキーワードを入れたりするのは、非常に不自然であり、やりすぎればペナルティの対象になります。以下に、それぞれの要素にキーワードを反映する際の目安を記載しておくので、現在行っている対策が過剰になっていないか確認しましょう。どの要素でも同じ語句を重複して入れることは避け、迷ったときは利用者がわかりやすいようにすることを心がければ、ペナルティの対象にはなりません。

```
title 要素　　：対象ページで狙う全キーワードを反映する。重複は避ける。
description ：対象ページで狙う全キーワードを反映する。重複は避ける。
keywords　　：1ページにつき5語以内で、対策したい語句を反映する。
見出し　　　　：h1から順に利用し、h1が利用できるのはまとまりにつき1つ。
strong 要素　：利用は1ページにつき数回程度で、同じ語句には使わない。
```

■ 特定要素におけるキーワードの偏りの弊害

特定の要素にキーワードが偏ることは、ペナルティを課せられてしまうリスクもありますが、それ以外に内容がわかりにくく利用者に敬遠されるコンテンツになってしまう弊害もあります。

また、title要素やdescriptionなど、検索結果に表示される要素にキーワードを詰め込むと、検査結果に表示される内容がわかりにくく魅力的でなくなってしまうため、検索結果のクリック率が下がってしまいます。SEO対策のためにと、特定の要素にキーワードを多量に反映することは、ペナルティを受けるだけでなく、利用者への影響もあるので注意しましょう。

物理的なキーワードの偏り

かつて行われた、キーワードを多量に反映するSEO対策においては、キーワードを羅列したり、利用者に見えない部分にキーワードをまとめたりする手法が行われていました。そのため、**違反する意図がなくても、キーワードが1ヶ所に偏っていると、そのキーワード自体が評価されなかったり、あまりに偏りが著しいとペナルティの対象にされてしまったりするので注意が必要です**。

■ 適切なマークアップを行う

もっとも大事なのは、検索エンジンに誤解されないよう正しく伝えられるようにすることです。お店や拠点のリストでは、住所や電話番号が並ぶのは当たり前ですが、Googleはキーワードの乱用の例として「実質的な付加価値のない電話番号の羅列」と「市町村名や都道府県名を羅列したテキスト」を挙げています。つまり、**そこに記載する必要性を伝え、キーワードの羅列でないことを検索エンジンに伝えないと、利用者のために行った行為でも、SEO対策にとってはマイナスになってしまう可能性があるの**です。

そのために、似たような内容を箇条書きにするときはul要素やol要素などのリストとして表記し（Sec.43参照）、関連のある複数の要素をまとめて記述する際はtable要素で表として記述するなど、キーワードの羅列ではないことが検索エンジンに伝わるようにしましょう。

キーワードの乱用の例としては、次のようなものが挙げられます:

- 実質的な付加価値のない電話番号の羅列。
- ウェブページが特定の市町村や都道府県に関する検索結果の上位に掲載されるようにするために市町村名や都道府県名を羅列したテキスト。

▲ Google の「品質に関するガイドライン」におけるキーワードの乱用の例（https://support.google.com/webmasters/answer/66358）。

■ 画像化するのも1つの手段

どうしても検索エンジンに誤解を与えてしまう可能性がある場合は、そのリストや表を画像にしてしまうのも1つの手段です（P.139参照）。検索エンジンは画像の中に含まれる文字を認識できないため、SEO対策においては画像は極力使わず、テキスト要素を増やすのが基本ですが、この特性を逆手に取り、検索エンジンに認識させたくないものをあえて画像化してしまい、反映する方法があることも知っておきましょう。

ページ内におけるキーワードの過剰利用

物理的な偏りと同様の理由でペナルティの対象になってしまうのが、対策キーワードの過剰利用です。Googleも「同じ単語や語句を不自然に感じられるほどに繰り返すこと」をキーワード乱用の1例として挙げていますが、実際、普通に文章を書いていると、同じキーワードが文章全体の1割以上を占めることはほとんどありません。

■ キーワード反映時の目安

SEO対策の本場である米国で利用される英語と比較すると、日本語での検索は検索エンジンの対応が進んでおらず、まだ文脈などをそこまで理解できていません（Sec.17コラム参照）。そのため、現在も対策キーワードの反映数はある程度効果に影響するので、コンテンツ作成時は対策するキーワードをページに反映する必要があります。しかし、あまりに反映しすぎるとペナルティの対象になってしまうので、キーワードを反映する際は、以下の表を参考に、これ以上反映数が多くならないよう気を付けましょう。

対策順位	適正出現率
１番目に対策したいキーワード	5〜7%
２番目に対策したいキーワード	4〜5%
３番目に対策したいキーワード	3〜4%

検索エンジンはどんどん進化しており、これからはコンテンツの内容や文脈をより理解できるようになっていくでしょう。そのため、キーワードの反映数による効果は日本でもだんだん低下していくと予想されます。そのため長い目で見れば、ギリギリまでキーワードを反映したことによる効果より、過剰に反映してしまったことによるペナルティのほうが影響は大きくなります。Sec.78のキーワードの出現率チェックツールなどを用いて、キーワードの反映は過剰にならないようにし、どうしても過剰になってしまう場合は、キーワードが集中するリストや表を画像化するなどして調整しましょう。

キーワードの反映は、自然に万遍なく

SEO対策においてキーワードの反映は重要ですが、特定の要素や箇所、コンテンツにキーワードが偏在するのはペナルティ対象になりえるので注意が必要です。

Section 67 無意識にしてしまう！隠しテキストと隠しリンク

Category 基礎 / 判定 / 対応

コンテンツ内のキーワードの数ばかりが重要視されていた検索エンジンの登場したばかりの頃、利用者には見えないようにしたテキストでキーワードを多量に反映する対策をする方が多かったため、現在では厳しいペナルティの対象となっています。

隠しテキスト・隠しリンクとは何か？

　隠しテキスト・隠しリンクとは、検索エンジンの検索順位を操作するために利用する、利用者に見えない、検索エンジンのみを対象としたテキストやリンクのことです。かつて検索エンジンの精度が低かった頃は、対策キーワードをより多く反映したり、外部リンクを張ってWebサイトの順位を上げたりするために、頻繁に行われていたSEO対策の裏ワザの1つです。検索エンジンが進歩した現在は、ほとんど効果を発揮しないだけでなく、すぐにペナルティ対象となってしまうので、このような対策を行う人は減ってきていますが、意図せずやっているこの行為がペナルティの対象になってしまうことがあるので、注意が必要です。

■ 隠しテキスト・隠しリンクの具体例

　意図せず違反をしてしまわないように、まずはどのようなものがペナルティの対象になるのか、Googleが隠しテキスト・隠しリンクの具体例と挙げているものを確認しておきましょう。**利用者を最優先し、利用者に見えやすく工夫し、検索エンジンのみを対象としたテキストやリンクを作成しないようにすれば、結果として、ペナルティの対象となるような問題はほとんど起きません。**

- 白の背景で白のテキストを使用する
- テキストを画像の背後に置く
- CSSを使用してテキストを画面の外に配置する
- フォントサイズを0に設定する
- 小さな1文字（段落中のハイフンなど）のみをリンクにしてリンクを隠す

第7章　危機を乗り越える！ペナルティの判定法と対応法

ペナルティ対象ではない行為

誤解しないようにしたい点は、利用者に見えず、検索エンジンのためである要素がすべて「隠しテキスト」「隠しリンク」と見なされるわけではないということです。利用者に見えなかったとしても、利用者のためになる要素はしっかりと反映するべきですし、それは、検索エンジンもプラスの評価をしてくれます。

■利用者に見えない利用者のための要素

通常は利用者に見えませんが、利用者のための要素であるものの代表例が、画像に追加するalt属性です（Sec.41参照）。alt属性は画像が表示されない場合にどのような画像を表示したかったかを利用者に伝える手段になるとともに、目の不自由な方が画像の内容を知るための手助けとなるので、通常は見えなくても、利用者にとって非常に重要な要素となります。もちろん、alt属性に過剰にキーワードを入れればペナルティの対象になりますが、適切に利用すればコンテンツの評価を上げる要素となります。

このように、利用者には見えなくても、利用者のための要素であるものはペナルティの対象とはならず、反対に検索エンジンの評価を高めることとなります。alt属性以外の例としては、JavaScriptを有効にしていない方のために<noscript>タグ内にJavaScript内の内容を記述することや、動画の説明テキストをHTMLに含めることなどが挙げられます。

男性用の青と
白のボーダーシャツの画像

▲誰もが利用しやすいWebサイトは、検索エンジンからも評価されます。

 テキストは、利用者にしっかり見えるように

基本的にWebサイトの要素は利用者に見えるようにし、検索エンジンのためだけの要素を作成しないようにしましょう。

Section 68 これからより大切になるコンテンツの価値

Category | 基礎 | 判定 | 対応

これからのSEO対策では、コンテンツの「オリジナリティ」が高く評価されるようになり、オリジナリティが低く価値のないコンテンツをどんなにたくさん制作しても、評価が上がるどころか、マイナスの影響を与えるようになってしまいます。

 ## コンテンツの価値とは？

　Webサイトは更新頻度が高く、より規模が大きいほうが検索エンジンにより高く評価される傾向があるので、更新頻度を高め規模を大きくするために、ただただコンテンツを量産しページを増やす対策が横行してきました。精度の低かった昔の検索エンジンでは、そのような対策も通用していましたが、現在の検索エンジンはコンテンツの価値を判断し、むしろ価値のないコンテンツはペナルティの対象とされてしまいます。

■「オリジナリティ」がコンテンツの価値

　コンテンツの「価値」といっても、検索エンジンは文学的な価値を判断しているわけではありません。まだ日本語の文脈を理解できる段階ではないので、基本的に検索エンジンの指す「価値」とは、ほかでは提供されていない「オリジナリティ」が中心になります。

　オリジナリティの高いコンテンツは、検索エンジンの検索結果を多様にし、利用者の満足度を高められます。反対に、似たようなコンテンツは検索エンジンにとってインデックス化のための記録容量を浪費し、クローラの巡回を無駄に消費するため、そのようなコンテンツの評価を下げ、ほかにはないコンテンツを高く評価するのです。

- ユーザーをだますようなことをしない。
- 検索エンジンでの掲載位置を上げるための不正行為をしない。ランクを競っているサイトやGoogle社員に対して自分が行った対策を説明するときに、やましい点がないかどうかが判断の目安です。その他にも、ユーザーにとって役立つかどうか、検索エンジンがなくても同じことをするかどうか、などのポイントを確認してみてください。
- どうすれば自分のウェブサイトが独自性や、価値、魅力のあるサイトといえるようになるかを考えてみる。同分野の他のサイトとの差別化を図ります。

▲ Googleの「品質に関するガイドライン」の基本方針でも独自性や差別化が推奨されています（https://support.google.com/webmasters/answer/35769）。

価値のないコンテンツ

　コンテンツの価値が「オリジナリティ」を柱にして判断されていることがわかれば、どのようなコンテンツが価値がないと判断されるかがわかるようになります。**価値のないコンテンツとは、ツールなどで規則的に量産しただけの意味をなさないコンテンツや、すでにWeb上にあるコンテンツと差別化されない、オリジナリティのないコンテンツのことを指します。** Googleが手動ペナルティの対象として挙げている、価値のない質の低いコンテンツの例を以下に記載しておくので参考にしてください。また、オリジナリティの高いコンテンツの作成方法は、前著「SEO対策のためのWebライティング実践講座」をご確認ください。

- 自動生成されたコンテンツ
- 内容の薄いアフィリエイトページ
- ほかのソースからのコンテンツ
- 誘導ページ

▲出典：https://support.google.com/webmasters/answer/2604719

■「価値がない」と評価されないためのポイント

　テンプレートや画像を提供するWebサイトやECサイトでは、画像や価格が異なる程度で、ほとんど内容が同じページが量産されてしまうことがあります。こうしたページが重複コンテンツと判断されたり、テキスト要素が少ない価値の低いコンテンツと判断されたりし、検索エンジンに評価されないだけでなく、ペナルティを課される可能性もあります。そのため、**画像を撮影した際のデータや商品の仕様などをできるだけ記載して情報を増やしたり、コメント機能で利用者のコメントを集めたりし、それぞれのページが異なる内容を提供できるように対応しましょう。** また、どうしても内容に違いを作れない場合は、重複コンテンツとしてrel="canonical" を利用し、オリジナル指定をするのも1つの方法です（Sec.29参照）。

 これからもっと大切になる「オリジナリティ」

検索エンジンがより進化し文脈を理解できるようになっていけば、コンテンツのオリジナリティがより重要になっていくので、今からしっかり対策しましょう。

Section 69 こんなことにも注意！そのほかのペナルティ対象

Category 基礎 判定 対応

ここまでに解説した「キーワードの乱用」「隠しテキストと隠しリンク」「価値のないコンテンツ」以外に、無意識にやってしまったり、気がつきにくかったりするペナルティ対象行為を、ここで簡単に触れておきます。

 質の悪い外部リンク

現在も外部リンクには一定のSEO対策効果がありますが、業者から外部リンクを購入するとリンクの質が悪い場合も多く、意図せずペナルティ対象なることがあります。また、Sec.58で触れた通り、競合サイトに質の悪い外部リンクを多量に張り、ペナルティを課されるようにするネガティブSEO対策なども、サイト管理者が意識していないのにペナルティを課される原因の1つとなります。

■ 質の悪い外部リンクとは?

一口に外部リンクといっても、SEO対策の効果は大きく異なります。基本的には検索エンジンに高く評価され、同ジャンルの内容を扱っているWebサイトからのリンクはSEO対策の効果が高く、質の良い外部リンクといえます。一方、**検索エンジンに評価されておらず、ジャンルの異なるWebサイトからのリンクの効果は低く、SEO対策業者が外部リンクを出すために多量に作成するWebサイトと特徴が似ているため、ペナルティを課される可能性がある質の悪い外部リンクとなります。**

■ 質の悪い外部リンクに対応する方法

Googleなどの検索エンジンは金銭などで外部リンクを集めることを厳しく禁じ、違反者には重いペナルティを課しているので、外部リンクが自然に集まる質の高いコンテンツ作りを目指し、外部リンクを操作する行為は極力避けましょう。その上で、現在張られてしまっている質の悪いリンクは、**リンク元に依頼できるならリンクの削除を依頼し、各検索エンジンの提供しているリンクの否認ツールを利用して対象のリンクを否認しましょう**（Sec.58参照）。

不自然な外部リンク

検索エンジンが特定のリンクを不自然と判断した場合は、重いペナルティを課すので、ペナルティを課されたリンクはすぐに削除すべきです。しかし、**ペナルティを課されてから細かな調整をしても、なかなかペナルティは解除されないので、検索エンジンに「不自然」と判断されないことが大切です**。そのため、ここでは課されてしまったペナルティへの対応ではなく、ほかのWebサイトへ寄稿などを行う際に、不自然な外部リンクと判断されないようにするための注意点に触れておきます。

ただし以下の例は、自作自演での外部リンクの作成を勧めるものではなく、あくまでルールの範囲内で、検索エンジンに誤解を受けないためのチェックポイントとして示したものです。ペナルティを受けないことを保証するものではないことに注意してください。

■ 不自然な外部リンクに注意

Search Consoleヘルプの「手動による対策」の対象に、「サイトへの不自然なリンク」と「サイトからの不自然なリンク」が挙げられているように、**検索エンジンは張られている外部リンクに不自然さがあると、ペナルティを課すことになります**。検索エンジンが「不自然」と判断する代表的な要素を以下に挙げておくので参考にしてください。

- 同じWebサイトから多量のリンクが張られている
- リンク元サイトのサーバのIPアドレスがどれも同じ
- リンク元サイトの形式がどれも同じ(ブログだけ、CMSだけなど)
- リンクが張られているのがテキストだけ、画像だけと偏っている
- 外部リンクに利用さているアンカーテキストがどれも同じ
- 短期間に急激に外部リンクが増えた

■ 不自然な外部リンクに対応する方法

外部リンクが自然に集まるコンテンツを作ることを基本とし、すでにペナルティ対象の対策をしている方は、極力それに頼らない対策に変更していくことをお勧めします。その上で、**ペナルティを課された場合は対象となる外部リンクを削除し、削除できない場合は検索エンジンの提供しているリンクの否認ツールを利用して対象のリンクを否認しましょう**(Sec.58参照)。また、ペナルティを課されていない場合も、上記例に該当項目があるリンクは修正し、修正できない場合は削除しましょう。

重複コンテンツ

重複コンテンツとは、1つのWebサイト内または複数のサイトにまたがって存在する、ほかのコンテンツと完全に同じであるか、非常によく似たコンテンツのことを指します。

■ 重複コンテンツに対するペナルティ

多くの場合、重複コンテンツは悪意なく作成されていると判断され、ペナルティの対象にされることはありません。そのため、ペナルティの対象となるリスクより、管理者の意図したページが検索エンジンに表示されなくなってしまったり、利用者が張ってくれる外部リンクが分散してしまったりするリスクのほうが大きいです。しかし、Googleも「ごく稀なケース」としていますが、検索順位の操作や利用者への偽装を意図している可能性が認識された場合は、ペナルティを課すとしています。

> Googleは、固有の情報を持つページをインデックスに登録して表示するよう努めています。たとえば、記事ごとに「通常」バージョンのサイトと「印刷」バージョンのサイトがあり、どちらも noindex メタタグでブロックされていない場合、Googleはどちらか一方を選択して登録します。ごくまれなケースとして、Googleでのランキングの操作やユーザーへの偽装を意図した重複コンテンツが表示される可能性が認識された場合も、Googleでは関係するサイトのインデックス登録とランキングに対して適切な調整を行います。その場合、該当するサイトはランキングが低下するか、Googleインデックスから完全に削除されて検索結果に表示されなくなる可能性があります。

▲ Googleの「品質に関するガイドライン」の重複コンテンツに対する解説での記載（https://support.google.com/webmasters/answer/66359）。

■ 重複コンテンツに対応する方法

基本的にはすべてのコンテンツの内容にしっかりと差が出るようにし、1ページにつき1つのURLを割り振るようにWebサイトを設計しましょう。どうしても重複コンテンツや類似コンテンツができてしまう場合は、rel="canonical"リンク要素を使用してオリジナル指定をし、検索エンジンにインデックス化してほしいページを指定します（Sec.29参照）。このことで、検索エンジンからペナルティを受ける可能性がなくなるのはもちろん、意図したページが検索結果に表示されるようになり、利用者を設計通りに誘導できるとともに、外部リンクも希望のページに集中しやすくなります。利用者や外部リンクを、完全にオリジナルのページに集中させたい場合は、301リダイレクトを利用することになりますが（Sec.29参照）、301リダイレクトをすることは対象のページが表示されなくなることを意味するので、対象ページ自体を削除するほうが、根本的な対応といえます。

違反ドメイン

中古ドメインの購入時だけでなく新しくドメインを購入した場合も、前の所有者の利用の仕方によっては、そのドメインに未解決の問題が残っている場合があります。ペナルティを受けているドメインなどの利用はできるだけ避けたいので、購入前には「Internet Archive」（https://archive.org/index.php）というサービスを利用して、対象のドメインが以前使用されていたか、また使用されていた場合はどのように使用されていたかを確認しましょう。**もし以前使用されていて、あまりにジャンルが異なったり、Webサイトの内容がペナルティ対象になりそうだったりした場合は、購入を避けましょう。**

購入後はSearch Consoleに登録し、「手動による対策」ページから対象のドメインに手動による対策が適用されていないか確認し、問題があれば対処して再審査を申請します。課されているペナルティが多い場合や重い場合は、ドメインを購入し直すのも選択肢の1つです。

サーバに対するペナルティ

共有サーバを借りている場合は、対象のサーバを一緒に利用している人の利用の仕方よって影響を受けることがあります（Sec.15参照）。その1つとして、可能性は低いものの、検索エンジンがサーバそのものにペナルティを課すことがあります。

サーバにペナルティを課されていることが疑われる場合は、「aguse」（https://www.aguse.jp/）でURLを調べ、レポートページ下部の「その他の情報」の「ブラックリスト判定結果」のいずれかに「CAUTION」の判定結果が表示されているか確認します。もし表示されている場合は、利用しているサーバがペナルティを受けている可能性が高いので、利用しているレンタルサーバに対応を依頼しましょう。

Webサイト作りは、ガイドラインに沿うことが基本

ペナルティ対象は幅広く、原因究明は非常に大変なので、できるだけペナルティを課されない、ガイドラインに沿ったWebサイト作りを心がけましょう。

Section 70 マルウェアの感染やスパムに対応する

Category | 基礎 | 判定 | 対応

ペナルティの判別によりWebサイトがマルウェアに感染していることがわかったら、利用者に迷惑をかけないように迅速な対応が必要です。ここでは、マルウェアの感染やハッキングによるスパム行為が発覚した際の対応方法を解説します。

 ## 被害の有無を確認する

　マルウェアの感染やハッキングによるスパムが疑われる場合は、本当に感染したりハッキングされたりしているのか確認する必要があります。確認方法はいくつかありますが、まずは、Googleなどの検索エンジンにおける対象のWebサイトの検索結果にマルウェアやスパムに関する情報が掲載されていないか、そしてSearch ConsoleやBing Webマスターツールの対象レポートに関連する情報がないか確認します（Sec.63参照）。

　感染していることがわかったら、自身で対応するか専門家に対応を依頼するかを選択することになります。**マルウェアの感染やスパムの対応は専門的な作業が必要であるとともに、失敗すると感染を拡大してしまったり利用者に多大な迷惑をかけてしまったりするので、基本的には専門家に依頼することをお勧めします**が、ここでは知識として、自身で対応するための方法を簡単に解説しておきます。

 ## 公開を中止する

　もっとも大切なのは、**Webサイト利用者の被害を最小限に抑えること**です。Webサイトの公開をすぐに中止し、利用者への伝染やハッカーによるさらなるシステムの悪用を防ぎましょう。次に、利用しているレンタルサーバを提供している業者に連絡し、ほかのWebサイトがこの攻撃の影響を受けないようにするとともに、復旧ができないか相談します。その上で、すべてのユーザー／アカウントのパスワードを変更し、認識していない新しいアカウントが作られている場合は削除して、ハッカーがアクセスできないようにします。

被害状況を確認する

次は被害状況の詳細な確認です。**マルウェアはブラウザの脆弱性を利用して広がる場合が多いため、被害状況の確認の際は、コンピュータに被害が出ないように対象サイトをブラウザで開かないようにします。**ブラウザを使わないで被害状況を確認するには、Googleの検索ボックスに「cache:」に続けてURLを入力し、Googleのキャッシュされた結果を利用する方法や、Search ConsoleのFetch as Google機能を利用する方法などがあります。また、マルウェアの感染でGoogleが感染を認識している場合は、Search Consoleのセキュリティの問題のレポートから対象を確認できます。レポートの指示に従って対応しましょう。

▲ Googleの提供する、マルウェアによる被害状況の確認法の解説（https://support.google.com/webmasters/answer/3024274）。

 ## データを復旧する

被害状況の確認ができたら、対応した処理を行います。管理状況で脆弱な要素があればそこを強化して、バックアップからWebサイトを復元し、ハッカーが作成したと思われるコンテンツがあれば削除します。そして最後に関連するすべてのパスワードを変更したらWebサイトを公開し、各検索エンジンに再審査の申請をしましょう。Googleは、利用者への警告を再審査するための期間はマルウェアやフィッシングの場合は1日以内、スパムの場合は数週間かかるとしています。

マルウェアやハッキングの被害にあった場合は、基本的に被害にあう前の状態に戻すのがもっとも確実で簡単です。そのためにも、こまめにバックアップをとるようにしましょう。対応方法の詳細は、Googleが提供する「ハッキングされたサイトに関するウェブマスター ヘルプ」（https://www.google.com/webmasters/hacked/）をご確認ください。

 復旧の基本は、被害の前の状態に戻すこと

マルウェアの感染やハッキングの対象箇所を特定し個別に対応するには、専門知識が必要であるとともに、対応漏れの危険性があるので注意が必要です。

Section 71 対応後は必ず実行！再審査を申請する

Category 基礎 判定 **対応**

ペナルティやマルウェアの感染の対象箇所に対応したら、対応が終了したことを検索エンジンに伝え、再審査をしてもらいましょう。再審査の申請をすることで、より早い検索順位の回復が期待できます。

検索エンジンの再審査とは？

検索エンジンによっては、検索順位が低下した原因に対応したことを申請できるサービスを提供しています。そのような検索エンジンでは、ペナルティやマルウェアへの対応が終了したら、必ず再審査を申請しましょう。**しっかりと対応ができていればより早い順位の回復につながりますし、対応が不十分な場合は、不十分な箇所を明示してくれる**ので、再度対応する際の参考にもなります。ここではSearch Consoleを利用したGoogleへの再審査の申請方法と、その際の注意点を解説します。

■ 再審査の対象

Search Consoleから再審査を申請できるのは、「手動による対策」の通知に記載されている問題を解決した場合のみです。再審査を申請すれば、およそ1日以内に受信した旨の自動返信メールが届き、数日から1週間ほどで審査結果の連絡が来ます。対応が不十分な場合は、不十分な箇所を指摘した連絡が届くので、指示に従って修正を行った上で、再度、再審査の申請をします。一方、再審査の対象とならない自動ペナルティなどは、対応をしたあと1〜2ヶ月ほど様子を見て、順位が回復しない場合はあらためて原因を究明し、追加の対応をしましょう。

▲手動ペナルティが解除されるよう、指示に従って適切な対応をしましょう。

再審査の申請方法

Search Consoleから再審査を申請する方法を見てみましょう。

■ 再審査の申請手順

❶ Search Consoleにログインして対象となるWebサイトのダッシュボードを開き、メニューから＜検索トラフィック＞→＜手動による対策＞をクリックします。

❷ 対象となる対策の画面下に表示される＜再審査をリクエスト＞をクリックし、再審査を申請します。マルウェアの感染の場合は、メニューから＜セキュリティの問題＞をクリックして対象の問題のメッセージを開き、＜再審査をリクエスト＞をクリックします。

■ 再審査を申請するときのポイント

　Search Consoleの再審査リクエストは人間の手で処理されているため、**審査担当者が理解しやすいよう内容をわかりやすく記載する必要があります**。再審査の申請内容を明快にするために、次の3つの点に注意しましょう。

- Webサイトの品質に関する問題を正確に説明する
- 問題を修正するために行った手順を記述する
- 取り組みの結果を文書にまとめる

■ **申請文の雛形**

実際に再審査の申請を行う際の、申請文の雛形を以下に記載するので、申請時の参考にしましょう。

Google サーチクオリティチーム
ご担当者様
このたび、「対象サイトの URL」が「現状」となってしまったのでご連絡致しました。

「現状」には、Web サイトに起きた現象や手動による対策で指摘された内容を記載します。

このような状況を受け、改めて御社の品質に関するガイドラインに照らし合わせ、サイトの内容を確認したところ「ペナルティの要因」に問題があるのではないかと推定されました。

「ペナルティの要因」には、できるだけ正確に Web サイトの品質に関する問題を記載します。

そこで、「修正点」を行いましたので、ここにご連絡致します。修正の詳細に関しましては、以下のページをご覧下さい。

「修正点」には、問題を修正するために行った手順を記載します。

https://www.example.com/AAA.html
https://www.example.com/BBB.html
https://www.example.com/CCC.html

特徴的な修正ページの URL をいくつか記載します。

以後、御社のガイドラインを遵守し、ユーザーの立場に立ったウェブサイト運営をして参りますので、再審査を行って頂ければ幸いです。

POINT　対応が終了したら、検索エンジンに再審査を依頼する

順位の回復が早くなるのはもちろん、対応が不十分な場合は追加で対応すべき箇所を指示してくれるので、再審査の依頼を必ず行いましょう。

第8章

プロも使っている！
無料ツール紹介

Section 72 ▶ コーディングで必要なテキストエディタ
Section 73 ▶ データをアップロードするFTPクライアント
Section 74 ▶ XMLサイトマップを作成するツール
Section 75 ▶ 表示速度を知るための無料チェックツール
Section 76 ▶ マークアップを確認するHTMLチェックツール
Section 77 ▶ Webサイト改善のためのアクセス解析ツール
Section 78 ▶ キーワード乱用を防ぐ出現率チェックツール

Section 72 コーディングで必要なテキストエディタ

Category 制作 運営管理

Webサイトの作成や運営では、HTMLやCSSファイル、.htaccess、robots.txt、XMLサイトマップなどのファイルの作成や編集で、無駄な情報が付加されず文字情報だけのデータを作成できるテキストエディタと呼ばれるソフトを頻繁に利用します。

サクラエディタとは？

　文字のフォントや大きさ、色などの情報が必要ないHTMLやCSSファイルなどの作成や編集作業では、文字情報（テキスト）のみのファイルを作成、編集、保存するためにテキストエディタと呼ばれるソフトウェアを利用します。また、テキストエディタはWebサイト運営時に必ず必要で、Windows系のパソコンではアクセサリの1つとして用意されている「メモ帳」、Mac系なら「テキストエディット」が利用できますが、ある程度利用していくと、すぐにより高機能なエディタが必要になります。

　そこで、**ここではフリーウェアとして配布されている日本製のテキストエディタ、「サクラエディタ」を紹介します**。無料で使えるサクラエディタは、特別な設定をしなくてもすぐに使え、機能も十分に揃っているので、初心者から中級者に向いたテキストエディタといえます。残念ながらWindows用のソフトのため、Macの方は利用できませんが、ぜひ知っておきたいソフトの1つです。

サクラエディタをインストールする

❶ ブラウザでサクラエディタのダウンロードページ（http://sakura-editor.sourceforge.net/download.html）にアクセスし、「最新版ダウンロード」のリンクをクリックします。ダウンロード完了後、＜実行＞をクリックしてインストーラを起動します。

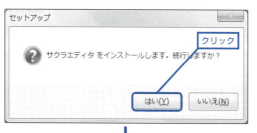

❷ インストーラが起動したら、画面の指示に従ってセットアップ作業を進めます。

❸ 「追加タスクの選択」画面が表示されたら、＜デスクトップにアイコンを作成＞をクリックしてチェックを付けて＜次へ＞をクリックしましょう。いつでもデスクトップからサクラエディタを起動できるようになります。

❹ インストールが終了したら、スタートメニューから＜すべてのプログラム＞を選択し、＜サクラエディタ＞をクリックして起動します。手順❸で＜デスクトップにアイコンを作成＞をクリックしてチェックを付けた場合は、デスクトップ上のアイコンからも起動できます。

サクラエディタの初期設定を行う

サクラエディタをより便利に利用するために、**複数のファイルを編集する際に便利なタブ設定**と、編集内容が消えてしまわないように**自動保存の設定**をします。

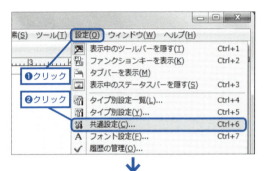

❶ サクラエディタを起動し、＜設定＞→＜共通設定＞をクリックします。

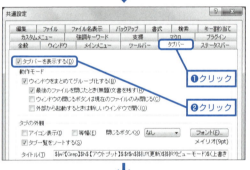

❷ 共通設定画面が表示されたら、＜タブバー＞をクリックし、＜タブバーを表示する＞のチェックボックスをクリックしてチェックを付けます。

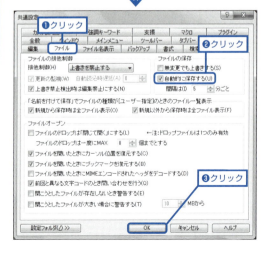

❸ ＜ファイル＞をクリックし、＜自動的に保存する＞のチェックボックスをクリックしてチェックを付け、画面下部の＜OK＞をクリックすれば設定が反映されます。

入力補完機能を利用する

HTMLやCSSファイルの作成で同じタグやプロパティを手作業でたくさん記述していくと、よく入力ミスが生じてしまいます。そのような**入力ミスを減らすために利用したいのが、入力補完機能**です。

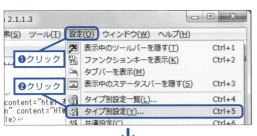

❶ サクラエディタの画面上部に表示されるメニューで＜設定＞→＜タイプ別設定＞をクリックし、「タイプ別設定」画面を表示します。

❷ 「タイプ別設定」画面が表示されたら＜支援＞をクリックし、「入力補完機能」の中の「候補」の＜編集中のファイル＞のチェックボックスをクリックしてチェックを付け、画面下部の＜ OK ＞をクリックします。

❸ サクラエディタの編集画面で、タグやプロパティの一部を入力し、Ctrl を押しながら Space を押すと、対象ファイル内ですでに利用されているタグやプロパティが候補として表示されるようになります。

サクラエディタには、入力したコードのチェック機能などもあるので、ぜひさまざまな機能を使いこなし、より早くより正確にWebサイトで利用する各種ファイルを作成、編集できるようにしましょう。

Section 73 データをアップロードするFTPクライアント

Category 制作 運営管理

Webサイトで利用するファイルをサーバにアップロードするためには、FTPクライアントと呼ばれるソフトウェアが必要です。こちらでは代表的なFTPクライアントのインストール方法と利用方法を解説します。

FTPクライアントとは？

　FTPクライアントとは、インターネットでファイルの転送を行うための通信ルールであるFTP（File Transfer Protocol）を使用してファイルの送受信を行うソフトウェアのことです。FTPサーバ（FTPを使用してファイルの送受信を行うサーバ）に接続してファイルをアップロードやダウンロードができる、Webサイトの作成や運営には必須のソフトウェアです。

　FTPクライアントを利用する場合、FTPクライアント機能が付いているブラウザを利用する方法もありますが、基本的には単体のソフトウェアを利用することをお勧めします。単体のソフトウェアにもさまざまなものがありますが、**ここでは無料で、世界的にシェアも高く、並列転送により高速な転送ができる「FileZilla」というFTPクライアント**について紹介します。

FileZillaをインストールする

❶ ブラウザでFileZillaの公式サイト（https://filezillaproject.org/）にアクセスし、＜Download FileZilla Client＞をクリックします。

❷ <Download Now>をクリックします。

❸ FileZillaをダウンロードするためのウィンドウが開くので、指示に従って作業を進めます。途中でFileZillaとは関係ない広告主のソフトのインストールが推奨されるので、インストールを希望しない場合は<お断りします>をクリックします。

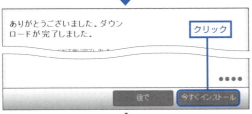

❹ FileZillaのダウンロードが完了したら、<今すぐインストール>をクリックします。

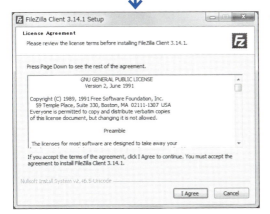

❺ FileZillaのインストーラが起動するので、指示に従ってインストールします。基本的には何も変更せずにインストールして構いませんが、ショートカットの作成先は好みに合わせて変更しても良いでしょう。

FileZillaの使い方を確認する

　FileZillaなどのFTPクライアントは一般的に左右に画面が分かれ、片方にパソコン側、もう片方にサーバ側にあるフォルダとファイルが表示されます。**アップロードやダウンロードしたいフォルダやファイルは、反対側のフォルダにドラッグ＆ドロップすることでコピーできます。**

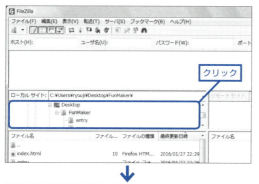

❶ FileZilla を起動させたら、左側のパソコン側の情報に、表示されるリストをクリックして、アップロードするファイルを表示させます。左領域の上のウィンドウに表示されるパソコンのフォルダ一覧から選択すると良いでしょう。

❷ アップロード元のファイルを表示させたら、次はサーバに接続します。＜ファイル＞→＜サイトマネージャ＞をクリックし、サイトマネージャを起動しましょう。

❸「サイトマネージャ」画面が表示されたら＜新しいサイト＞をクリックし、新しいサーバの設定画面を表示します。左側の「エントリを選択」リストに登録する情報へのリンクが追加されるので、リンクの表示名をダブルクリックし、対象の内容がわかるように名前を変更しておきましょう。

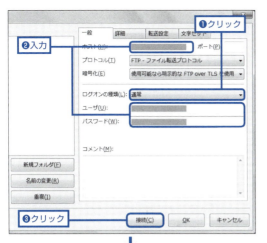

❹ <ログオンの種類>をクリックして「通常」を選択したら、特別な設定をしていないサーバの場合は、「ホスト」「ユーザ」「パスワード」を入力し、<接続>をクリックすればサーバに接続できます。

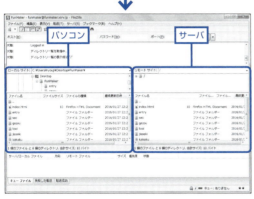

❺ 正常に接続できれば、右の領域にサーバの情報が表示されます。パソコン側と同様にファイルのアップロード先となるフォルダを表示させたら、パソコン側の画面からファイルをサーバ側にドラッグ＆ドロップすれば、アップロードできます。サーバ側からパソコン側に移動させれば、ダウンロードできます。

手順❹の設定時に入力する内容は、レンタルサーバに申し込んだ際にサーバの管理会社から通知される「FTP情報」や「サーバーアカウント情報」などに記載される情報になります。管理会社によって呼称が異なりますが、一般的に以下のように記載されます。

- **ホスト** ：FTPホスト、FTPサーバ名などと表記される
- **ユーザ** ：FTPユーザー、FTPアカウントなどと表記される
- **パスワード**：FTPパスワード、パスワードなどと表記される

なお、FileZillaでは、画面上部に表示される「ホスト」「ユーザ名」「パスワード」を入力し、<クイック接続>をクリックするだけで、サーバに接続することもできます。

Section 74 XMLサイトマップを作成するツール

Category 制作 運営管理

検索エンジンに登録することで、Webサイトの情報を抜け漏れなく伝えるとともに、クローラの巡回頻度を高めてくれるXMLサイトマップ。そんなXMLサイトマップを簡単に作る方法と、実際のアップロード方法を解説します。

「sitemap.xml Editor」を使った作成方法

　XMLサイトマップは、Webサイトのコンテンツ構成を伝えることで、検索エンジンに抜け漏れなくWebサイトの情報を収集してもらえるようにするものです。構成を変更するたびに登録情報を更新していくことで、Webサイトの更新情報も伝えられるなど、SEO対策において非常に重要な役割を果たします。

　そのようなXMLサイトマップは、Sec.30で解説した方法を利用して手作業で記述していくこともできますが、Webサイトの規模が大きくなると、1つ1つ記述していくのは大変になってきます。そこでここでは、「sitemap.xml Editor」を利用してサイトマップを簡単に作成する方法を解説します。

❶ ブラウザから、「http://www.sitemapxml.jp/」にアクセスし、表示される画面上部のテキストボックスに対象となるWebサイトのURLを入力したら、各種設定項目（右ページ参照）を設定し、画面下の＜サイトマップ作成＞をクリックします。

- **最終更新日** ：対象ページの最終更新日を記載するか否か設定する。
- **サイトの更新頻度** ：Webサイトの更新頻度を「記述しない」「アクセスのたび」「一時間ごと」「毎日」「一週間ごと」「一月ごと」「一年ごと」「更新しない」から選択する。
- **優先度** ：対象ページのWebサイト内における相対的優先度。トップページを1.0とし、階層が深いほど相対的に値が小さくなるように自動的に割り振られる。
- **除外ディレクトリ** ：XMLサイトマップに含めたくないディレクトリを「,（半角カンマ）」で区切って指定する。
- **同一タイトルURLの除外** ：同じ内容でURLが異なるページを除外する機能。タイトルが同じか否かで判断されるため、利用する場合はSearch Consoleの「HTMLの改善」で、タイトルが同じページを確認しておく。

このツールで作成するXMLサイトマップでは、最大1,000個のURLまでしか反映できないので、それ以上のWebページがある場合は「除外ディレクトリ」を利用して反映するURLを限定したり、XMLサイトマップを分割したりしましょう。

❷ ダウンロードリンクが表示されるので、＜sitemap.xml＞をクリックし、保存先を指定してファイルを保存します。

❸ ファイルがダウンロードできたらサクラエディタで開いて内容を確認します。特にそのままで構いませんが、4行目はツールの紹介なので削除しても構いません。優先度をページに合わせて変更したい場合は、＜priority＞で挟まれている数字を変更します。確認が終了したら、そのまま保存します。

XMLサイトマップをアップロードする

　XMLサイトマップができたら、そのファイルに検索エンジンのクローラがアクセスできるよう、対象のWebサイトのサーバにアップロードします。

❶ FileZillaを起動し、パソコン側の情報が表示される左画面に、XMLサイトマップを保存したフォルダを表示させます。

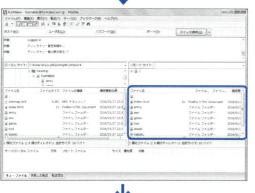

❷ Sec.73を参考にして、XMLサイトマップをアップロードしたいWebサイトのサーバを右画面に表示します。

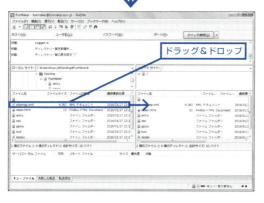

❸ 対象のWebサイトのサーバのルートディレクトリ（最上位のディレクトリ）を表示し、sitemap.xmlファイルをパソコン側の画面からサーバ側の画面にドラッグ＆ドロップし、サーバ側の画面にファイルが表示されれば、アップロードは完了です。

Column

Googleに画像や動画の情報を伝えるためのXMLサイトマップ

Googleでは、動画や画像用のXMLサイトマップも用意できます。用意することで動画や画像の検出可能性を高め、検索結果に表示される可能性を高めることができます。

■ 画像用のXMLサイトマップ

画像用のXMLサイトマップは以下のように記述します。

```
<?xml version="1.0" encoding="UTF-8"?>
<urlset xmlns="http://www.sitemaps.org/schemas/sitemap/0.9" xmlns:image="http://www.google.com/schemas/sitemap-image/1.1">
 <url>
  <loc>http://funmaker.jp/</loc>
  <image:image>
   <image:loc>http://funmaker.jp/image.jpg</image:loc>
   <image:caption>京都市の1万分の1スケールの地図</image:caption>
   <image:geo_location>日本、京都府、京都市</image:geo_location>
   <image:title>京都市の地図</image:title>
  </image:image>
 </url>
</urlset>
```

loc	：画像が表示されているWebページのURL（必須）
image:loc	：対象となる画像のURL（必須）
image:caption	：画像のキャプション
image:geo_location	：画像の地理的な位置
image:title	：画像のタイトル

1つのWebページにつき最大1,000件の画像のリストを作成できます。また、動画も同様の方法でサイトマップを作成でき、タイトルや説明、再生時間などの情報を記述できます。

Section 75　表示速度を知るための無料チェックツール

Category　制作　運営管理

表示速度の遅いWebページは、Webサイト利用者にストレスを与え直帰率を高めるのはもちろん、SEO対策においてもマイナス要素となります。ここでは、そのようなWebサイトの表示速度を確認し、修正ポイントを確認するためのツールを紹介します。

PageSpeed Insights

　Webサイトの表示速度をチェックするためのツールとしてお勧めなのが、Google Developersで提供される「PageSpeed Insights」です。このツールは、日本の90％以上の検索結果に影響を与えるGoogleが提供しているツールなので、そのチェック結果に従ってWebサイトを改善すれば、ほとんどの検索結果にプラスの影響を与えられます。また、**パソコンとモバイルそれぞれの表示速度と改善点を確認できるところ**も、このツールの良いところです。

❶ ブラウザから「PageSpeed Insights」（https://developers.google.comspeed/pagespeed/insights/）にアクセスします。

❷ 画面中央に表示されるテキストボックスにチェックしたいWebサイトのURLを入力し、＜分析＞をクリックします。

分析結果がモバイルとパソコンに分けて表示されます。それぞれ100点満点で対象のWebサイトの評価が示され、分析結果は速度や利用のしやすさに関して「修正が必要」「修正を考慮」「合格」の3つに分けて改善点が提示されます。

❸「修正が必要」の内容から＜修正方法を表示＞をクリックします。

❹ 修正方法が表示されたら内容を確認し、対応していきます。

　「修正が必要」や「修正を考慮」の対象項目を修正していき、修正が終了したら再度分析をして、結果を確認しましょう。基本的に100点満点になり、すべての項目が「合格」になれば良いですが、表示や機能の観点から、あえて行っている内容が修正対象になってしまうこともあります。そのような場合は、**利用者に提供できるサービスと表示速度が早くなるメリットを勘案して、必ずしも指摘されている箇所を修正する必要はありません**。上で検査したのは日本でもっとも利用されているWebサイトであるYahoo!JAPANですが、モバイルは65点、パソコンでも80点（2016年2月1日時点）で、修正が必要とされている項目もそれぞれ2つと1つあります。**表示速度がSEO対策において影響する度合いは限られたものなので、対応することが利用者にとってプラスなのかマイナスなのかをしっかり考慮し、対応していけば良いでしょう。**

デベロッパーツールを利用する

実際にページ内のどの要素を読み込むのに時間がかかっているかを確認するには、Googleの提供するブラウザである「Chrome」のデベロッパーツールを利用します。

❶ Chromeを起動し、チェックしたいWebサイトを表示させたら、F12 を押し、デベロッパーツールを起動します。

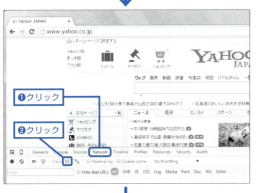

❷ デベロッパーツールが表示されたら＜ Network ＞をクリックし、その下の行に表示される ≡ をクリックします。

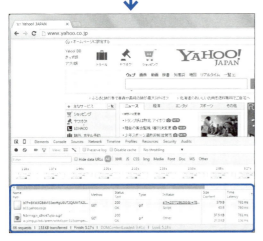

❸ ＜ Network ＞をクリックしただけでは分析結果は表示されないので、F5 を押してページを再読み込みしましょう。再読み込みすると、一番下に分析結果が要素が読み込まれる順番で表示されます。表示される領域が狭い場合は、デベロッパーツール画面の上部にカーソルを合わせ、ドラッグ操作で領域を調整しましょう。

❹ 分析結果の「Time」の列を確認し、値が大きなものを探します。「Time」列には上下に2つの値が表示され、上の値がダウンロードにかかった時間の合計になります。また、棒グラフにマウスのカーソルをのせると、ダウンロード時のどの段階に時間がかかっているか確認でき、対象の要素が重い場合は「Content Download」が長くなります。

❺ 問題の要素が見つかったら、「Name」の列に表示されるリンクの上にマウスのカーソルをのせると、対象要素の絶対パスが表示されるので、対象の要素が何でどこにアップロードされているのかを確認できます。

❻ デベロッパーツールの画面上部に表示される□をクリックし、「Select Model」から確認したいデバイスをクリックし、[F5]を押してページを再読み込みすれば、選択したデバイスでの表示やその表示速度も確認できます。

　問題の要素を確認したら、**対象の要素を圧縮したり作り直したりして、時間がかからないように修正します**。ただし、各デバイスでの表示が完全に再現されているとは限らないので、最終的なチェックは実際のデバイスで行いましょう。

Section 76 マークアップを確認するHTMLチェックツール

Category 制作 / 運営管理

HTMLを記述した際に、HTMLが間違わずに記述できているかを確認するのは非常に骨の折れる作業です。そのような作業を簡単にしてくれるのが、各種のHTMLの文法をチェックしてくれるツールです。

The W3C Markup Validation Service

「The W3C Markup Validation Service」は、Webで使用される各種技術の標準化を推進するための標準化団体であるW3C（World Wide Web Consortium）によって提供される、HTMLのマークアップをチェックするためのツールです。HTMLの規格の勧告もしているW3Cが提供しているツールなので、Web標準に準拠したWebサイトを作成するのに役立ち、検索エンジンにより正確に情報を伝えられるようになります。

❶ ブラウザから「The W3C Markup Validation Service」（https://validator.w3.org/）にアクセスし、表示されるテキストボックスにチェックしたいページのURLを入力して、＜Check＞をクリックします。

❷ 対象のページのHTMLコードがチェックされ、上部に概要、概要の下方に「Errors」（間違い）や「warning（s）」（警告）の内容が表示されます。

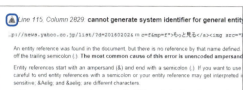

❸「Validation Output:」の記述以降が実際の修正項目になります。各修正項目を見て、先頭に❸が表示されているものが「Errors」(間違い)、⚠が表示されているものが「warning(s)」(警告)となるので、まずはErrorsからチェックして修正していきましょう。

❹ 実際に修正の指摘を受けている箇所がどこなのかを確認するには、「Show Source」のチェックボックスをクリックしてチェックを付け、< Revalidate >をクリックします。

❺ 修正対象があったら「Line」の右に表示される修正対象箇所の行数をクリックします。

❻ HTMLソースコードの中における修正箇所が表示されるので、実際に修正箇所が確認できます。

公開前のHTMLコードをチェックする

　The W3C Markup Validation Serviceは便利なツールですが、チェックする際に必ずWebに接続する必要があります。その手間を省き、**ソースコードを編集しながらチェックしていきたい場合は、無料のテキストエディタ「Crescent Eve」を利用して**チェックできます。

❶ ブラウザから、Crescent Eveのダウンロードページ(http://www.kashim.com/eve/get.html)にアクセスし、＜Crescent Eveのダウンロード（約0.6MB）＞をクリックします。

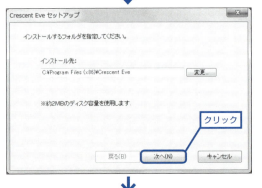

❷ ダウンロード完了後、＜実行＞をクリックします。ダウンローダーが起動するので、指示に従ってソフトをインストールし、インストールが終了したらCrescent Eveを起動します。

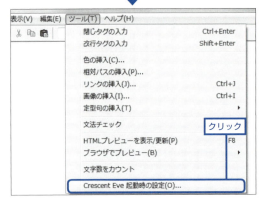

❸ Crescent Eveを起動したら、＜ツール＞→＜Crescent Eveの起動時の設定＞をクリックし、設定画面を表示します。

❹ 設定画面が表示されたら＜HTML＞をクリックし、「デフォルトHTML種別」で＜HTML5＞を選択します。選択が終了したら画面下の＜OK＞をクリックして設定を反映し、Crescent Eveを再起動します。

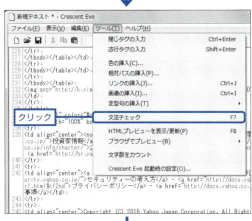

❺ 再起動したら、チェックしたいHTMLソースコードを貼り付け、＜ツール＞→＜文法チェック＞をクリックします。

❻ 画面下部にチェック結果が表示されます。内容を確認し、対応が必要な箇所を修正します。

Section 77 Webサイト改善のためのアクセス解析ツール

Category / 制作 / 運営管理

第6章では、Search Consoleを利用したWebサイトの改善点の見つけ方を解説しましたが、しっかりと改善活動を行うには、アクセス解析ツールが必要です。ここでは、代表的なアクセス解析ツールであるGoogle アナリティクスを紹介します。

Google アナリティクスとは？

何事にもいえることですが、最初に作成したものが最高のものになることは稀です。これはWebサイトにも当てはまり、**Webサイトを作成したあとは、利用状況を確認しながら改善作業をしていくことが、より大きな成果につながっていきます。**

■ HTMLファイル記述の基本

Webでは、いつ、どこに、誰が、どのように訪問し、どのような利用をしたか、簡単にデータで知ることができます。この利用状況のデータを取得できるのが、アクセス解析ツールです。アクセス解析ツールで取得できるデータを生かせるか否かで、Webサイトの成果は大きく変わってきます。

Webサイトの改善作業においてアクセス解析ツールは必須のツールとなりますが、その中で、無料で利用でき、かつ得られるデータも豊富で精度が高い、世界最大の検索エンジンであるGoogleが提供する「Google アナリティクス」を紹介します。

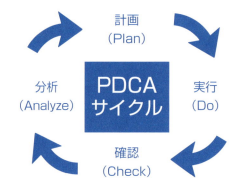

◀ 得られたデータを参考に、PDCAサイクルを回していきましょう（PDCAサイクルの「A」は、通常「処置・改善（Act）」とされますが、これでは「計画（Plan）」「実施・実行（Do）」と被ってしまい、同一対象の改善サイクルにはならないため、本書では「A」は「分析（Analyze）」としています）。

Google アナリティクスに登録する

すでにGmailなどでGoogleのサービスを利用している方は、そのアカウントが利用できます。Googleアカウントを持っていない場合は、「https://accounts.google.com/SignUp」でアカウントを作成してから、以降の作業に進んでください。

❶ ブラウザから「Google アナリティクス」(https://www.google.co.jp/intl/ja/analytics/)にアクセスし、＜ログイン＞をクリックして、ログイン画面を開きます。

❷ ログイン画面が開いたら、Google アカウントのメールアドレスを入力して＜次へ＞をクリックし、次の画面でパスワードを入力して＜ログイン＞をクリックします。

❸ 画面右にある＜お申し込み＞をクリックし、新しいアカウントの作成画面を開きます。

❹ 下の解説を参考に各項目を入力し、画面左下の<トラッキングIDを取得>をクリックします。

- **アカウントの設定**
  アカウント名　　　　　：管理画面に表示される名前。好きな名前を入力する
- **プロパティの設定**
  ウェブサイト名　　　　：アナリティクスを導入するWebサイトのタイトル
  ウェブサイトのURL　　：アナリティクスを導入するWebサイトのURL
  職業　　　　　　　　　：登録するWebサイトの内容と合致する業種を選択する
  レポートのタイムゾーン：日本を選択する
- **データ共有設定**
  不要な項目があればチェックを外す

❺ 「Google アナリティクス利用規約」が表示されるので「日本」を選択し、内容に問題がなければ<同意する>をクリックします。

❻「トラッキングコード」が表示されるので、対象を選択してコピーします。

❼ テキストエディタを利用して、コピーしたトラッキングコードを、アクセスデータを取得したいすべての Web ページの HTML ファイルの </head> の直前に貼り付け、サーバのファイルを更新します。

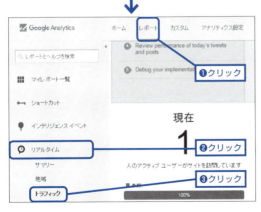

❽ トラッキングコードの反映が終了したら、実際にデータを取得できるようになったかを確認します。Google アナリティクスで<レポート>をクリックし、左に表示されるリストから<リアルタイム>→<トラフィック>をクリックします。

　リアルタイムのトラフィックのレポート画面が表示されるので、対象のWebサイトにモバイル機器や異なるパソコンなどを利用してアクセスしてみましょう。正常にトラッキングコードが反映できていたら、手順❽のようにアクティブユーザーの数が1増えます。

Section 78 キーワード乱用を防ぐ出現率チェックツール

Category 制作 運営管理

過剰対策の代表で、ペナルティの対象になってしまうこともあるのが、キーワードの過剰な反映です。SEO対策を意識しすぎるあまり、特定のキーワードを反映しすぎないように、便利なツールを利用してキーワードの反映状況を確認しておきましょう。

過剰対策を避けるキーワード出現率チェック

　Sec.66で解説した通り、SEO対策を始めたての頃にやってしまいがちなのが、**キーワードの乱用です**。検索エンジンが登場した当初は、対策キーワードを多量に反映するだけで一定の対策効果を得られたため、この対策は多用されました。しかし、飛躍的に進化した現在の検索エンジンでは、このような対策はすぐに発見されてしまい、ペナルティを課されてしまう可能性のある危険な行為といえます。

■ 人力では確認しにくいページ内のキーワード過剰利用

　キーワードの乱用で、特定要素や物理的なキーワードの偏りは目で確認すればある程度判断できますが、ページ全体におけるキーワードの過剰利用は目で見ただけではなかなか判断できません。**文章中の特定キーワードの出現率を人力で計測するのは、大きな労力が必要でほとんど不可能なため、ここでは、キーワード出現率のチェックツールとして「ファンキーレイティング」(FunkeyRating) を紹介します**。ファンキーレイティングは、公開後のページはもちろん、公開前のテキストデータもチェックできる、HTMLなどの専門知識のない初心者でも扱いやすいツールです。

　日本語は、SEO対策の本場である米国の英語と大きく異なる特徴を持ち、利用者がほぼ日本に限られ技術が横展開しにくい言語のため、検索エンジンの対応が遅くなりがちです。そのため、文脈に関してもまだ英語のようには理解できておらず、日本においては現在もキーワードの反映数は一定の影響があります。**ページ内のキーワード反映数を正確に把握することは、ペナルティを受けないためだけでなく、SEO対策の効果を高めるためにも重要なので、しっかりと確認しながらサイト運営をしていきましょう**。

ファンキーレイティングの使い方

ファンキーレイティングの使い方を、公開されたWebページのチェック方法から、出現率の調整方法、そして公開前のテキストデータのチェック方法の順で解説します。

■ 公開されたWebページをチェックする

もっとも一般的な使い方である、公開されたページにおけるキーワードの出現率のチェック方法から解説します。

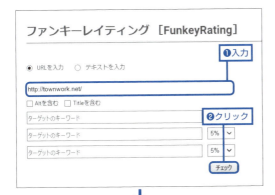

❶ ブラウザから「ファンキーレイティング」(http://funmaker.jp/seo/funkeyrating/)にアクセスし、「URLを入力してください」と表示されているテキストボックスにチェックしたいWebページのURLを入力して、<チェック>をクリックします。

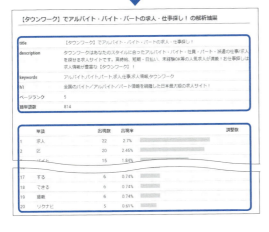

❷ 指定したページの基本データとして、「title」「description」「keywords」「h1」「ページランク」「総単語数」が表示され、その下にキーワードとその出現数、出現率、相対値の棒グラフが表示されます。

基本データの「title」「description」「h1」は、SEO対策やクリック率に影響を与える重要な要素なので、自身のサイトをチェックする際には、それぞれしっかり反映されているか確認しましょう。

■ 出現率を調整する

　出現率をチェックした際に、キーワードが過剰に反映されていればキーワードを減らす必要がありますし、あまりに少なければ追加する必要があります。**反映するキーワードの数を調整する際にもファンキーレイティングは有用で、指定したキーワードをいくつ増減させたら、目標の出現率になるかもチェックできます。**

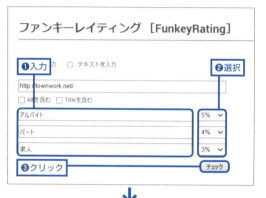

❶ ＜ターゲットのキーワード＞と表示されたテキストボックスに調整したいキーワードを入力し、プルダウンから目標の出現率をクリックして選択したら、＜チェック＞をクリックします。最多で3つのキーワードまで同時にチェックできます。

❷ 出現率の表において、対象のキーワードの背景が赤く表示され「調整数」の列に、必要な増減数が表示されます。

　すでに何度か掲載しましたが、キーワード反映時のキーワード出現率の参考値を以下に再掲します。これを参考に、特に上限値を超えないように反映数を調整しましょう。

対策順位	適正出現率
1番目に対策したいキーワード	5〜7%
2番目に対策したいキーワード	4〜5%
3番目に対策したいキーワード	3〜4%

■ テキストデータをチェックする

ファンキーレイティングの大きな特徴の1つとして、公開前のテキストデータにおけるキーワード出現率もチェックできることが挙げられます。

キーワードの出現率チェックツールの多くは、公開されたページの内容しか確認できないものが多く、また、公開前のデータのチェックができるものでも、HTMLのソースコードでないと確認できないものがほとんどです。ファンキーレイティングはHTMLのソースコードになっていない、通常のテキストデータの状態で出現率がチェックできるので、HTMLを利用できない方でもページの公開前にキーワード出現率をチェックでき、非常に便利です。

❶ 画面上部に表示される＜テキストを入力＞をクリックすると、テキストデータを入力するテキストエリアが表示されます。チェックしたいテキストを貼り付けるか入力して、＜チェック＞をクリックします。

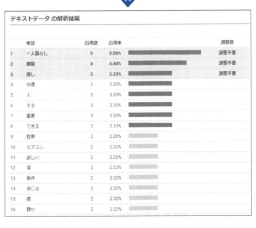

❷ 公開されたWebページと同様に、キーワードの出現数や出現率のデータが表示されます。公開されたページのチェックと同様に、手順❶の時点でキーワードと出現率を指定しておけば、キーワードの調整数もチェックできます。

Index
索引

記号・英数字

.htaccess ファイル	100
301 リダイレクト	100
Bing Web マスターツール	148, 200
CMS (Contents Management System)	44
CSS	118
description	126
FileZilla	230
FTP クライアント	230
Google アナリティクス	154, 246
Google セーフブラウジング	201
HTML	120
HTML チェックツール	242
HTML の改善	172
keywords	128
microdata	145
MozRank	57
PageSpeed Insights	115, 238
Ping 送信	110
robots.txt	106
robots.txt テスター	170
Search Console	86, 148
SEO 対策	10
sitemap.xml Editor	234
SNS	84
strong	140
Structured Data Testing Tool	146
The W3C Markup Validation Service	242
title	124
URL	98
URL 統一	150
URL の正規化	99
URL 変更	186
Weblio 類語辞典	55
Web サイトの構造	61
XML サイトマップ	102
XML サイトマップの登録	152

あ行

アクション率	166
アクセス解析ツール	246
アンカーテキスト	135
違反ドメイン	219
インデックス状況	158
ウェブマスター向けガイドライン	191
オールドドメイン	97

か行

改善ポイント	26
外部サービス	82
外部対策	16
外部リンク	73, 90, 216
隠しテキスト	212
隠しリンク	212
画像	136
環境対策	17
関連キーワード	55
キーワード選定	54
キーワードのグルーピング	66
キーワードプランナー	49
キーワード乱用	208
共起語	59
クリック率	180
クローラ	72
クロールエラー	160, 202
検索アナリティクス	166
検索エンジン	10
更新頻度	68
構造化タグ	121
構造化データ マークアップ支援ツール	180

コンテンツ	76
コンテンツ キーワード	162
コンテンツの価値	214

さ行

サーバ	46
再審査	222
サイト移転を申請	188
サイト作成	44
サイト設計	64
作成過程	65
サクラエディタ	226
自動ペナルティ	204
出現率チェックツール	250
手動による対策	178
手動ペナルティ	195
スパム	220
スマートフォン対応	112
スモールキーワード	60
セキュリティの問題	174
ソーシャルブックマーク	111

た行

ターゲットユーザー地域	149
重複コンテンツ	101, 218
テーマ選定	48
テキストエディタ	226
テスト環境	109
導線設計	81
ドメイン	92

な・は行

内部対策	16
内部リンク	74
内部リンク状況	165

日本語ドメイン	95
ネガティブ SEO 対策	182
パンくずリスト	75
ビッグキーワード	60
必須サービス	86
表記ブレ	80
表示速度	116
ファンキーライバル	58
ファンキーレイティング	251
付随構造	78
ブログ	82
ペナルティ	178, 190
ペナルティの判定	194
本書の構成	24

ま・ら行

マークアップ	118
マルウェア	200, 220
見出し	130
モバイルユーザビリティ	176
ランディングページ	53
リスト	142
リッチスニペット	144
リンク	134
リンクを否認	184
レスポンシブ Web デザイン	114

■著者略歴

鈴木　良治　（すずき　りょうじ）

京都大学卒、アンドバリュー株式会社代表取締役社長。自らも開発や制作を行うことで実践的方法論を考案し、様々な企業や大学、エンジニアなどに提供している。信条は、最先端の難しい概念や技術を誰でも使える方法論やシステムとして提供し、より多くの人が便利で豊かに暮らせるようにすること。著書に「SEO対策のためのWebライティング実践講座」（技術評論社）。

- 編集／DTP……………………… リンクアップ
- カバーデザイン ………………… 菊池　祐（ライラック）
- 本文デザイン …………………… リンクアップ
- 担当 ……………………………… 青木　宏治
- 技術評論社ホームページ ……… http://book.gihyo.jp

■お問い合わせについて

本書の内容に関するご質問は、下記の宛先までFAXまたは書面にてお送りください。なお電話によるご質問、および本書に記載されている内容以外の事柄に関するご質問にはお答えできかねます。あらかじめご了承ください。

〒162-0846
新宿区市谷左内町21-13
株式会社技術評論社　書籍編集部
「成果を出し続けるための　王道SEO対策　実践講座」質問係
FAX番号　03-3513-6167

※なお、ご質問の際に記載いただいた個人情報は、ご質問の返答以外の目的には使用いたしません。
　また、ご質問の返答後は速やかに破棄させていただきます。

成果（せいか）を出（だ）し続（つづ）けるための　王道（おうどう）SEO（エスイーオー）対策（たいさく）　実践講座（じっせんこうざ）

2016年6月1日　初版　第1刷発行
2017年9月6日　初版　第2刷発行

著者	鈴木（すずき）　良治（りょうじ）
発行者	片岡　巌
発行所	株式会社技術評論社 東京都新宿区市谷左内町21-13 電話　03-3513-6150　販売促進部 　　　03-3513-6160　書籍編集部
印刷／製本	昭和情報プロセス株式会社

定価はカバーに表示してあります。

本書の一部または全部を著作権法の定める範囲を超え、無断で複写、複製、転載、テープ化、ファイルに落とすことを禁じます。

©2016　アンドバリュー株式会社

造本には細心の注意を払っておりますが、万一、乱丁（ページの乱れ）や落丁（ページの抜け）がございましたら、小社販売促進部までお送りください。送料小社負担にてお取り替えいたします。

ISBN978-4-7741-8080-9 C3055
Printed in Japan